地质构造与水文地质探索

柯　学　侯庆龙　杜立新 ◎著

吉林科学技术出版社

图书在版编目（CIP）数据

地质构造与水文地质探索 / 柯学，侯庆龙，杜立新著. -- 长春 : 吉林科学技术出版社，2023.5
ISBN 978-7-5744-0398-7

Ⅰ. ①地… Ⅱ. ①柯… ②侯… ③杜… Ⅲ. ①地质构造②水文地质 Ⅳ. ①P54②P641

中国国家版本馆 CIP 数据核字(2023)第 092818 号

地质构造与水文地质探索

作　　者　柯　学　侯庆龙　杜立新
出 版 人　宛　霞
责任编辑　王丽新
幅面尺寸　185㎜×260㎜
开　　本　16
字　　数　281 千字
印　　张　12.5
版　　次　2023 年 5 月第 1 版
印　　次　2023 年 5 月第 1 次印刷

出　　版　吉林科学技术出版社
发　　行　吉林科学技术出版社
地　　址　长春市净月区福祉大路 5788 号
邮　　编　130118
发行部电话/传真　0431-81629529　81629530　81629531
　　　　　　　　81629532　81629533　81629534
储运部电话　0431-86059116
编辑部电话　0431-81629518
印　　刷　北京四海锦诚印刷技术有限公司

书　　号　ISBN 978-7-5744-0398-7
定　　价　75.00 元

前　言

地壳中存在很大的应力，组成地壳的岩层或岩体在地应力的长期作用下，发生变形变位，形成各种构造运动的形迹，称为地质构造，如：褶皱、断裂。褶皱、断裂破坏了岩层或岩体的连续性和完整性，使工程建筑的地质环境复杂化。

中国地处欧亚板块东南部，为印度洋板块、太平洋板块所夹峙。自早第三纪以来，各板块相互碰撞，对中国现代地貌格局和演变产生了重要影响。自始新世以来，印度洋板块向北俯冲，产生强大的南北向挤压力，致使青藏高原快速隆起，形成喜马拉雅山脉，这次构造运动称为喜马拉雅运动。喜马拉雅运动分早、晚两期，早喜马拉雅运动，印度洋板块与亚洲大陆之间沿雅鲁藏布江缝合线发生强烈碰撞。喜马拉雅地槽封闭褶皱成陆，使印度大陆与亚洲大陆合并相连。与此同时，中国东部与太平洋板块之间则发生张裂，海盆下沉，使中国大陆东部边缘开始进入边缘海——岛屿发展阶段。尤其重要的是发生于上新世——更新世的晚喜马拉雅运动。在亚欧板块、太平洋板块、印度洋板块三大板块的相互作用下，发生了强烈的差异性升降运动，全国地势出现了大规模的高低分异。差异运动的强度自东向西由弱变强。由于印度洋不断扩张，推动着刚硬的印度洋板块，沿雅鲁藏布江缝合线向亚洲大陆南缘俯冲挤压，使喜马拉雅山和青藏高原大幅度抬升。这种以小的倾角俯冲于亚欧板块之下的印度洋板块持续向北的强大挤压力，在北部遇到固结历史悠久的刚性地块（塔里木、中朝、扬子）的抵抗，产生强大的反作用力，使构造作用力高度集中，引起地壳的重叠，上地幔物质运动的加强和深层及表层构造运动的激化，导致地壳急剧加厚，促使地表大面积大幅度急剧抬升，于是形成雄伟的青藏高原，构成我国地形的第一级阶梯。

水文地质勘察是研究水文地质条件的重要手段，目的是查明地下水的形成和分布规律，并以此为基础对地下水资源做出水量与水质的评价，从而为国民经济建设提供水文地质依据。但在工程设计与施工的过程中，水文地质问题往往被忽略。为了满足广大地质构造从业人员和水文地质研究及工作人员的实际要求，作者翻阅大量地质构造及水文地质研究的相关文献，并结合自己多年的实践经验撰写了此书。本书从岩层的原生构造与基本产状介绍入手，针对褶皱、节理与断层、地貌及物理地质作用进行了分析研究；另外，对地下水的形成及其水循环、地下水的分类与赋存、地下水运动分析做了一定的介绍；还对各类水文地质勘察提出了一些建议。由于时间和水平有限，尽管作者尽心尽力，反复推敲核实，但难免有疏漏及不妥之处，恳请广大读者批评指正，以便做进一步的修改和完善。

作者

2023 年 5 月

目 录

第一章　岩层的原生构造与基本产状

原生构造（primary structure）是指在变形以前与岩石形成同时产生的构造，它们反映了由于沉积作用或侵入作用所产生的沉积岩或岩浆岩的原来面貌。研究沉积岩的原生构造具有沉积学和几何学方面双重的意义。可以了解岩石形成时的构造环境和沉积环境以及原生构造反映了变形的初始状态。岩层产状是指即岩层的产出状态，由倾角、走向和倾向构成岩层在空间产出的状态和方位的总称。

第一节　岩层的原生构造

地壳是由沉积岩、岩浆岩和变质岩组成的。沉积岩和火山岩是地壳表层分布最广泛的岩石，其分布的面积占地壳表层面积的3/4左右。自地表向地下深处，占主导地位的沉积岩逐渐让位于变质岩和岩浆岩。由于沉积岩和层状的火山岩的初始不均一性（成层的构造），使其经受变形后形成了丰富多彩的构造现象，如由于岩层的弯曲而成的褶皱、由于岩层的断裂和位移而形成的节理和断层等，因而成为构造地质学的主要研究对象。岩浆岩中的侵入岩，是在地壳深处结晶而成的，主要形成较均匀的块状构造，变形后主要表现为断裂构造，很难形成褶皱。但在高温下变形时也可形成塑性的流变构造（如片理或片麻理、韧性剪切带等）。层状的岩浆岩岩体也可以和沉积岩一样形成褶皱和断裂。变质岩是由沉积岩或岩浆岩经变质而成的，它继承了原岩的构造，并经受了相当复杂的变质和变形，其构造要复杂得多。因此，沉积岩的构造是构造地质研究的基础。为了更好地了解沉积岩受变形而形成的构造，首先必须了解其在沉积时形成的构造，即沉积岩的原生构造。

一、沉积岩层的原生构造

原生构造是指在变形以前与岩石形成同时产生的构造，它们反映了由于沉积作用或侵入作用所产生的沉积岩或岩浆岩的原来面貌。而反映后期变形作用或变质作用的构造，统称为次生构造（secondary structure）。研究沉积岩的原生构造具有沉积学和几何学方面双重的意义。一方面，可以了解岩石形成时的构造环境和沉积环境。例如，数千米厚的浅水沉积岩层必须是在逐渐下沉的盆地中沉积下来的，否则盆地将很快被填满，所以，一般而言，沉积物的厚度往往反映了地壳下沉的幅度；又如，沉积构造是沉积相分析的重要标志，也是了解沉积源区剥蚀情况的重要线索，这主要是沉积学和盆地分析的内容。另一方面，原生构造反映了变形的初始状态，如一般认为沉积岩层初始是水平的，新岩层在上，老岩层在下，变形使岩层发生了倾斜、弯曲或断开而移位等。因此，原生构造是了解变形几何学的重要参考物，这是构造地质学研究的主要方面。

（一）层理及其形态类型

层理是沉积岩最显著和最基本的一种原生构造。它是通过岩石的成分、颜色和结构等各种差异而显现出来的一种层状构造。层理的形成是由于沉积物在沉积盆地中沉积时的垂向分选、沉积物来源的变化或短暂的沉积中断等作用所致。前者导致沉积物在垂向上的成层性，后者造成了层间界面（层面）的形成。由于原生的沉积层面一般认为是水平的，因而，它是岩石变形的重要参考面。而判断地表岩层向地下深处的延伸，就是利用沉积岩的成层性，即沿着层的方向的侧向连续性。所以，构造研究的第一步，就是如何识别层理和层面。

层理可按其形态及其内部结构来加以分类。层理是沉积物从其搬运的载体（水或空气）中沉淀，经垂向和侧向加积而形成的一种构造。①细层是组成层理的最小单位，代表瞬时加积的一个纹层（laminae）。②层系是由在成分、结构和形态上相似的一组细层构成的，代表一个相似沉积条件（如水动力状况）下的沉积物。③层系组由一系列相似的层系所组成。不同特征的层系组分别构成水平层理、波状层理和交错层理，具体见表1-1。

表1-1　层理的类别

种类	内容
波状层理	细层呈平行的规则或不规则的波状，与层面近于平行，常见于浅海或湖泊的底部，是在振荡的水动力条件下形成的
交错层理（或称斜层理）	其中的细层与层系的界面斜交，常见于砂质岩石中，它反映在流动的介质（水或大气）中沉积的特征。根据形态，交错层理还可进一步分为板状交错层理、楔状交错层理和槽状交错层理，通常把板状的单向交错层理称为斜层理，不同形态的交错层理形成于不同的沉积环境，常见的如沙漠中的风成大型板状斜层理、三角洲中的大型斜层理、河流沉积中的小型板状或鱼骨状交错层理、海滨砂岩中反映海水动荡的情状交错层等
水平层理	顶、底面和其内的细层互相平行，反映其是在水动力条件稳定的水体中，在平坦的底床上沉积而形成的

（二）层理的识别标志

沉积岩的层理可以根据岩石的成分、颜色和结构等的垂向变化，以及层面构造来加以识别。

岩石成分的变化：沉积物成分的变化是显示层理的重要标志。在不同岩石互层的岩系中最为明显，如含煤地层中常见的砂岩和页岩互层，碳酸盐岩系中的灰岩和白云岩互层。在成分较均一的巨厚岩层中，有时可能存在成分特殊的薄夹层，这是识别层理的极好标志，如页岩中的灰岩夹层或火山岩中的沉积岩夹层。这种岩石成分的变化，即使经过变质作用的改造，仍可作为识别层理的可靠标志。

岩石结构的变化：碎屑沉积岩层通常是由不同粒度或不同形状的颗粒分层堆积的，粒度变化特别常见于砂岩中，特别是在递变层理的砂岩中，粒度由下向上逐渐变细。

岩石颜色的变化：在成分均一、颗粒较细的岩层中，有时不同颜色的夹层或条带可以指示层理的存在，在杂色页岩中比较常见。但要注意与次生变化所引起的色调变化相区别。

岩层的层面构造：因沉积中断而形成的层面标志，如波痕、泥裂、冲刷面等也是重要的标志。

沉积岩的成层性和侧向连续性，使人们可以根据地面的岩层延展方向来推测其向地下的延伸。在构造变形轻微的地区，野外宏观的成层岩石常代表了真正的层理。但在构造变形比较强烈的地区，发育的次生面状构造，如平行的节理、密集的劈理和片理，常常使露头上见到的宏观的平行面状构造不一定是层理。这时，根据上述标志识别层理成为地质工作的首要任务。

（三）利用原生沉积构造确定岩层的面向

利用沉积构造特征来确定岩层的顶底面是构造研究的基础，特别是在岩层发生倒转褶皱的构造变动比较强烈的地区，倾斜产出的岩层时而正常、时而倒转，这在研究缺乏化石的浅变质岩区构造时，更具有重要的意义。面向（facing）是指成层岩层面法线指向顶面的方向，即成层岩系中岩层由老变新的方向。沉积岩层的许多原生构造，包括一些特殊的层理和层面构造，可以用来确定岩层的面向。最常用的特征是交错层理、递变层理、波痕、冲刷面、熔岩中的枕状构造等。在一些特殊的岩石中可供利用的还有：泥裂、雨痕和雹痕、晶痕、底面印模、生物遗迹和软沉积变形等。

1. 交错层理

利用组成交错层理的细层（或称纹层）的形态及其与层系界面的截切关系，可以很好地判断岩层的面向。细层通常呈凹面向上的弧形，顶部多被层系面所截切，两者成高角度相交；细层下部常逐渐变缓，向底面收敛，与底面相切。

2. 递变层理

或称序粒层理、粒级层理。这是一种常见于碎屑沉积岩中的层理，由于沉积过程中流体中不同粒度颗粒的逐渐下沉，沉积的颗粒一般由下而上由粗变细。所以，在每一个单层中，从底面到顶面，粒度由粗逐渐变细；下一层的顶面和上一层的底面通常是一个突变的界面。这种层理特别常见于携带有不同粒度的浊流沉积的复理石层系中。

3. 波痕

这是沉积物表面由于水或空气运动而形成的波状表面，主要发育于沙漠环境中形成的砂岩和滨岸的砂岩或碳酸盐岩中。有流动波痕和振荡波痕两大类。用于确定岩层面向的是浪成的振荡波痕，它呈对称的尖脊圆谷状，尖脊指向顶面，而圆弧指向底面。

4. 泥裂

也称干裂，是未固结的沉积物露出水面后，经晒干而发生收缩和裂开所形成的、与层面大致垂直的楔状裂缝。常见于黏土岩及粉砂岩的上层面，偶尔也见于碳酸盐岩层的表面。泥裂在层面上成不规则的多边形，在剖面上一般呈“V”字形裂口，向下尖灭。这些裂缝通常被上覆的沉积物（常为砂质）充填，使上覆层的底面形成尖脊状印模。楔状裂缝和尖脊状印模的尖端均指向岩层的底面。

5. 冲刷面

当地壳上升或水流速度加大时，水流会对已沉积的沉积物发生冲刷，在沉积层的表面造成凹凸不平的侵蚀面称为冲刷面。这种冲刷面一般切穿下伏的层理；而在不平整的冲刷面上沉积的层与上覆岩层常近于平行或相切。上覆层的底部往往含有下伏岩层的粗碎屑，且自下而上粒度逐渐变细。冲刷面是判断岩层面向的极好标志。

6. 底面印模

常见于砂页岩互层的复理石类岩层中。当水流在松软的泥质或粉砂质沉积物上流动时，由于涡流对沉积物的侵蚀或水流中的携带物（如介壳碎片、卵石等）对沉积物表面的刻划，会在沉积物表面留下各种形状的凹坑或沟模。这些痕迹常被上覆的砂质沉积物充填。成岩后，它们多在泥质岩层之上的砂岩底面保留下来，称为底面印模。在野外的露头上出露倾斜的岩层时，由于砂岩比页岩不容易风化，所以通常暴露的是砂岩的底面，以鳞茎状、舌状或脊状凸起指示底面的方向。

7. 生物标志

根据某些化石在岩层内的保存状态，可以很好地确定面向。

一般由藻类形成的叠层石，虽然有不同的类型和形态，如柱状、分枝状和锥状等，但均具有向上凸起的纹层形态。这些纹层的凸出方向即指示岩层的上层面方向。在北京周口店地区的黄山店，根据雾迷山组白云岩中凸面向下的叠层石确定了底部缓倾的岩层为褶皱的倒转翼，向上，白云岩中横向位态的叠层石指示了褶皱的转折端，从而确定了一个倒转褶皱。一些生物活动造成的遗迹，如砂岩中的虫孔构造，一般垂直层面向上开口。异地埋藏的介壳化石，在水流作用下，多数保持以凸面向上的稳定状态，可以很好地指示岩层的面向。

二、软沉积变形

软沉积变形是指沉积物尚未完全固结成岩时发生的变形。软沉积变形涉及面相当广，包括其形态类型、形成的构造环境、动力和触发因素等。这里只介绍一些常见的软沉积变形，旨在了解软沉积变形的基本特征，以便与成岩后由构造变形形成的构造加以正确区分；另外，也可利用软沉积变形来确定岩层的面向。从局部因素来说，常见的软沉积变形的形成作用包括重力负荷引起的变形、重力引起的滑动、孔隙流体压力引起构造等。

（一）卷曲层理和滑塌构造

这是一种常见的软沉积变形构造。沉积在水下斜坡上的松软沉积物，由于重力、水流或震动等原因，沿斜坡发生蠕动或滑塌，使尚未完全固结的沉积物发生褶皱，形成卷曲层理或称包卷层理，或部分断裂破碎，形成层内角砾岩，其上界面常被以后的沉积层所切割。通常指局限于个别层中的构造，可用来确定岩层的面向。规模巨大的滑塌，可以涉及几个沉积层，其影响范围可达数十平方千米。

（二）重压印模

当沙层沉积在呈塑性状态的泥质层之上时，差异压实作用会使沉积物发生垂向流动。泥质岩向上呈尖楔状刺入砂岩中，呈火焰状构造，以尖形指向顶面；砂岩层面常向下突出成不规则的瘤状体，称为重压印模，以圆弧形指向底面。

（三）泄水构造

富含水的沉积物，在上覆沉积物的重压及突然的震动下，水会迅速向上喷出，形成特有的泄水构造。如碟状构造，常见于泥、砂质或碳酸盐岩中，细层被上冲的泄水道所冲断并向上微弯，在剖面上形成碟状。碟的直径一般为1 ~ 10 cm。碟状构造的凹面指向岩层的顶面。帐篷构造是常见于紫红色泥岩中的泄水构造，泄水通道把泥质细层顶起成帐篷状，其尖端指向岩层的顶面。此外，在干旱条件下形成的膏盐沉积层中，还常见一种层内的小褶皱，由于褶皱层弯弯曲曲似肠状，故称盘肠构造。特别发育于石膏层中，由于硬石膏水化形成石膏的同时体积膨胀，而在层内形成褶皱，所以，也称石膏构造。在初始斜坡上的薄层沉积物，在沉积层还未完全固结而受到地震等扰动时，还可形成同沉积褶皱和断层等构造，与构造变形形成的构造十分相似。

在构造研究中，要注意正确鉴别软沉积变形的构造，并把其与构造变形加以区分。软沉积构造与成岩后的变形构造的基本区别可有如下几点：

（1）软沉积变形常局限于一定层位或一定岩性层中，如果一强烈的变形层夹于整套变形轻微的沉积岩系中，则很可能是软沉积变形的结果；

（2）软沉积变形常局限于一定的沉积地段，如沉积盆地的边缘斜坡带；

（3）软沉积变形主要是地表重力作用的结果，围压很小，所以其形成的褶皱方向比较紊乱，一般缺乏由构造应力造成的构造定向性。比如，在周口店地区地质研究中，在平缓产出的上寒武系的泥质条带灰岩中，发现有强烈的顺层平卧褶皱，起初被认为是水下滑坡的软沉积变形。仔细研究后，发现它并不局限于一层，在同一地区的中、新元古界和下古生界各个层中都有类似的构造；发育有与褶皱伴生的轴面劈理和片理，以及拉伸线理等；并且在区域上具统一的运动学方向。因此，这种构造不是由水下滑坡所形成的，而是构造变形的结果。

第二节　岩层的基本产状

地壳是由沉积岩、岩浆岩和变质岩组成的。地壳表层以沉积岩和火山岩为主，向下逐渐让位于岩浆岩和变质岩。沉积岩和火山岩以层状构造为主要特征；岩浆岩主体是块状的；变质岩有块状的也有层状的，取决于其原岩的成分及其变质的程度。层状地质体经构造变形后，可以形成各种不同的形状，如被掀斜成倾斜岩层，或被弯曲成不同形态的褶皱，或被断层所错开。所以，构造地质学中主要研究的是层状地质体的各种变形形态。为此，首先要了解不同产状岩层（水平的和倾斜的）的基本特征，然后才能研究不同产状岩层组成的各种构造形态。地质工作者的主要任务是根据地面的地质现象来探究地下的地质情况，这主要也是利用有关岩层产状的基本概念。

一、水平岩层

水平岩层是指同一层面上各点的高度相同或基本相同的岩层。大多数沉积岩层沉积于广阔的海洋或大的湖泊中，其原始的产出状态是水平或近于水平的。当它们被平稳地抬升出水面而没有受到构造变动时，就成为水平岩层。

变形极其轻微的地台沉积盖层，岩层往往呈水平或近水平产出，如美国科迪勒拉高原和俄罗斯地台的沉积盖层。

水平岩层展布的面积可达数十万平方千米。我国一些后期变形微弱的大盆地中的沉积盖层，如四川盆地中部的侏罗系和白垩系地层，也基本上近水平产出。水平岩层区经风化和侵蚀作用，常形成宝塔状山峦和深切的山谷，显示出十分壮丽的景观，成为著名的风景区，如著名的美国大峡谷，我国湖南的张家界、河北的狼牙山、云南的路南石林、桂林山水等。

水平岩层具有如下一些特征：

第一，一套初始沉积的水平岩层，遵循地层的层序律，即老的岩层在下、新的岩层在上。若地形切割轻微，则地表大面积地出露最新的地层，如四川盆地中大面积出露的白垩系地层。如果地形切割强烈、沟谷发育，则在低洼处出露老的地层；自谷底向上至山顶，出露的地层时代依次变新。

第二，一水平岩层的顶面和底面之间的垂直距离就是岩层的厚度。换句话说，任一水平岩层的厚度即其顶、底面的高差。所以，在水平岩层地区工作时，可用高度计来测量岩层的厚度。

第三，在地形地质图上，不同时代地层的分布是用地层间的界面投影到水平面上来表示的。各种地质界面与地面的交迹线即为地质界线。水平岩层的地质界线与地形等高线平行或重合。在山顶，地质界线与等高线一样呈封闭的曲线；在沟谷中呈尖齿状条带，其尖端指向沟谷的上游。

第四，岩层在地质图上的出露宽度是其顶面和底面出露线间的水平距离。水平岩层的出露宽度取决于岩层的厚度和地面的坡度：

$$L = h / \sin\alpha, S = h / \tan\alpha \qquad (1\text{-}1)$$

式中，L——为沿地面的出露宽度；

S——为地质图上的出露宽度；

h——为岩层厚度；

α——为地面坡度角。

所以，同一厚度的岩层，其出露宽度与坡度成反比。坡度小的地区，可以广泛出露同一岩层；在悬崖上，上下层面的界线可以重合。

二、倾斜岩层

初始水平的岩层因构造作用而改变其水平状态，形成倾斜的岩层。单斜岩层是指其倾向和倾角基本一致的一套岩层，是变形岩层或构造中最基本的一种。倾斜岩层展布相当广，可以成区域性构造，但更经常是作为某种构造的一个组成部分，如大褶皱的一翼或断层的一盘。因此，了解倾斜岩层在地质图上的特征是构造研究的基本知识。

（一）岩层的产状要素

岩层面或任一平面的产状指其在空间的延伸方向和倾斜程度。产状要素用数字来表达面和线的空间方位，用其与水平参考面和地理方位间的关系来表达，以使人们能从地表出露的地质体推测其如何向周围和地下延伸。平面的产状要素包括走向、倾向和倾角。

1.走向线和走向

任一倾斜平面与水平面的交线叫该面的走向线。走向线也就是该面上等高两点的连线（等高线）。走向线两端延伸的方向（地理方位）即为该斜面的走向。一走向线两端的方位相差180°，通常以走向线的方位角来表示。任何一个斜面都可有无数条相互平行的、不同高度的走向线，所以，也可以用一定间隔的走向线来表示该面在空间的分布。

2.倾斜线和倾向

倾斜平面上与走向线垂直向下的斜线叫倾斜线，倾斜线在水平面上投影线的方位即该平面的倾向。倾向与走向相差90°，与走向不同，倾斜只有一个向下的方向。

3.倾角

平面的倾斜线与其在水平面上投影线之间的夹角为倾角，即为垂直该平面走向的横剖面上该面与水平面间的夹角。

当观察剖面与岩层走向斜交时，该岩层在剖面上的迹线叫视倾斜线，视倾斜线与其水平面上投影的夹角称为视倾角，也叫假倾角。

可用数学式表达为：

$$\tan\beta = \tan\alpha \cdot \cos\omega \tag{1-2}$$

式中，ω——为真倾向和视倾向之间的夹角。

因$\cos\omega \leqslant 1$，所以，视倾角总是小于真倾角，当视倾向越偏离真倾向时，视倾角越小。在平行走向的剖面上，视倾角等于0°。

（二）倾斜岩层的露头形态

倾斜岩层在地表的出露界线常以一定的规律展布，地质界线的弯曲方向和程度取决于地表的起伏、岩层的倾斜方向和倾斜角。穿越沟谷的地质界线的平面投影（地质图上的界线）一般呈“V”字形，这种规则俗称V字形法则。在地质图上，地质界线的特征为：

（1）当岩层倾向与地面坡向相反时，V字形尖端指向沟谷上游，即岩层的倾斜方向。地质界线V字形弯曲的程度较等高线开阔。

（2）当岩层倾斜与地面坡向一致且岩层倾角小于坡角时，V字形尖端指向沟谷上游，即指向岩层的扬起方向，但V字形弯曲程度较等高线紧闭。

（3）当岩层倾斜与地面坡向一致且岩层倾角大于坡角时，V字形尖端指向沟谷下游，即岩层的倾斜方向。岩层的倾角越大，地质界线越开阔。当岩层直立时，地质界线虽随地形而起伏，但其投影于地质图上为一直线。当岩层倾斜与地面坡度一致时，地面上将大面积出露同一岩层。倾斜岩层地质界线的V字形法则是野外地质填图和读图分析的基础知识。比如，以后将提及产状平缓的逆冲断层在地质图上的断层线，一般应当是随地形而曲折的；而产状近直立的平移断层的断层线一般是直线形的。

（三）倾斜岩层厚度的测定

倾斜岩层的出露宽度取决于岩层的倾斜和地形坡度的关系，在垂直岩层走向的剖面上，岩层顶底面之间的斜坡距（L）与其厚度（h）的关系式为：

$$h = L\sin(\alpha + \beta)$$（倾向与坡向相反）　　（1-3）

或 $$h = L\sin(\alpha - \beta)$$（倾向与坡向相同，倾角大于坡角）　　（1-4）

或 $$h = L\sin(\beta - \alpha)$$（倾向与坡向相同，倾角小于坡角）　　（1-5）

式中，α为岩层倾角；β为地面坡度角。

岩层的铅直厚度（H）是指岩层顶、底面之间沿铅直方向上测定的距离，相当于垂直钻孔中的测量岩层顶、底面之间的距离。

三、地层的接触关系

地层的接触关系，是构造运动和地质发展历史的记录，是研究构造形成时代的重要依据。两套地层之间的接触关系可以分为构造接触（如断层）和沉积接触两类。这里先讲沉积接触，在研究断层的时候，再讨论构造接触及两者的区别。沉积接触可分为整合接触和不整合接触两大类型。

同一地区的上、下两套地层，若其产状一致，在沉积上和生物演化上都是连续的，则这种关系就称整合接触。它说明这个地区当时的地壳运动以相对稳定的下降为主，所以，上、下两套地层的沉积是连续的，其间没有足以引起较长时间沉积间断的构造运动。有时在露头上可以看到在同一套地层中由于水流作用而造成的局部冲刷面，但若其上、下地层间隔的时间从地质时间尺度观看是很短的，则仍属整合接触。如果上、下两套地层之间有较长时间的沉积间断，且在古生物演化顺序上也不连续，即两套地层间有明显的地层缺失，这种关系称为不整合接触。

（一）不整合的类型及其地质意义

根据不整合面上、下两套地层之间的产状关系，不整合可以分为两大基本类型：平行不整合和角度不整合。

1. 平行不整合

不整合面上、下两套地层间虽有明显的沉积间断，但其产状一致，互相平行。平行不整合的地质意义在于其反映：在下伏岩层形成后，此区地壳曾发生均匀上升，使沉积作用一度中断，遭受风化和剥蚀；经一段时间后，地壳又平稳下降，重新接受沉积。由于地壳的平稳升降没有改变下伏岩层的产状，不整合面上、下两套岩层的产状保持一致，貌似整合，故又称假整合。平行不整合反映了造陆运动，通常涉及相当大的范围，如华北地区的寒武系和其下的新元古界青白口系之间缺失时代跨度达230 Ma的震旦系沉积，石炭系和下伏奥陶系之间缺失时代跨度达100 Ma的上奥陶统到下石炭统的沉积。

2. 角度不整合

不整合面上、下两套地层间不仅有明显的沉积间断，而且两者的产状不同，上覆岩层的底面切过下伏岩层。角度不整合反映：在下伏地层形成后曾发生构造运动，使其发生褶皱或断层，岩层不再保持水平状态；其后又上升，暴露地表，遭受风化和剥蚀；当地壳再度下降接受沉积时，上覆岩层就与下伏岩层在产状或构造特征上都有明显差异。一般认为，角度不整合反映了发生在上、下两套地层之间的构造变动或造山运动。

3. 地理不整合及海侵不整合

当不整合面上、下两套地层以微小的角度相交，在露头上难以觉察，只有在大范围内可以发现不整合面上新地层的底部在不同地方相继与不整合面下的不同层相接触，这种现象称为地理不整合。

海侵不整合也叫超覆，或叫上超，是由于海侵使沉积区的范围不断扩大，使后期的沉积岩层超过先期沉积岩层的展布范围，而超覆在更老的地层组成的盆地基底的侵蚀面上，从而形成局部的不整合。

（二）不整合在地质图和剖面图上的表现

1. 平行不整合

由于平行不整合面上、下两套地层的产状互相平行，不整合面因长期受风化和剥蚀而被夷为较为平坦的面，所以，在图上不整合面与其上、下两套地层的产状一致，其地质界线与整合的地质界线一样。

2. 角度不整合

角度不整合由于其上、下两套地层的产状不同，表现为上覆较新地层的底面（即不整合面）切过下伏较老不同地层的地质界线，与不同时代的地层相接触。一般不整合面与上覆地层平行。当不整合面起伏不平时，不整合面的低洼部位被后来的沉积物充填，从而使上覆新地层和下伏老地层都与不整合面相交。这种新沉积物充填的现象称为嵌入不整合。在嵌入部位通常沉积了不整合面上长期风化的产物，如山西的奥陶系与石炭系之间沿不整合面断续分布的山西式铁矿。在评价这种类型矿床时，必须注意矿体的横向变化。

（三）不整合的观察和研究

1.不整合的研究意义

对一个地区各个地层间接触关系的研究，特别是不整合的确定，具有重要的理论和实际意义，是地质工作的基础。

一个地区各个地层间的接触关系反映了区域地壳运动的演化史。如前所述，整合、平行不整合和角度不整合代表了不同的地壳运动情况。不整合也是划分地层单位的重要依据。因而，地层间不整合接触关系是研究地质历史、鉴定地壳运动特征和确定构造变形时期的重要依据。不整合面反映了其下岩层经受了长期的风化和剥蚀，在不整合面上的岩层中，常可形成铁、锰、磷和铝土矿等沉积矿产。不整合面也是一个构造薄弱带，常成为岩浆和含矿溶液的通道和储集场所，故常常形成各种热液型矿床；不整合面也有利于石油和天然气的储集。

2.不整合的研究内容

首先，要确定不整合的存在及其类型；其次，要确定不整合所代表的地壳运动的时间。

（1）确定不整合的存在及其类型

确定不整合的存在主要是依据沉积间断和构造运动两个方面所造成的标志，包括地层古生物所反映的地质年代的标志、沉积间断的标志、构造差异的标志、岩浆活动和变质作用差异的标志。

如果上、下两套地层中的化石所代表的地质时代或其同位素测定的年代有大的间隔，说明其间有长时间的沉积间断，这是确定不整合存在的主要标志，如：华北新元古界下部的青白口系和古生界底部的寒武系之间，虽然两者产状一致，貌似整合，但其间缺失延续时间长达230 Ma的震旦系，王日伦将造成这一不整合的地壳运动定名为蓟县运动。

两套地层之间存在沉积间断时，常造成特有的沉积学标志，如高低不平的古侵蚀面，特别是石灰岩表面的古喀斯特地形；古风化壳及有关的富铁、铝和磷的沉积物或矿产。如华北石炭系和奥陶系之间的山西式铁矿和铝土矿，周口店石炭系底部富铝的红柱石角岩和富铁的硬绿泥石角岩等。上覆岩层底部的底砾岩也常作为海侵标志而指示沉积间断的存在。底砾岩中的砾石常可能含有下伏岩层的成分。

对于角度不整合，其上、下两套地层之间的构造有明显的差异。在露头上表现为其产状的差异。通常由于上覆岩层沉积时，下伏岩层已变形而倾斜，所以上覆岩层的倾角一般比下伏岩层的缓，上覆岩层切过下伏岩层，与不同的下伏岩层相接触。在区域上或地质图上，可以发现上、下两套岩层的褶皱强度或褶皱样式不同，特别是构造线的方向（如：褶皱的延伸方向、主要断裂的方向等）不同。如：北京周口店地区，三叠系及其以前的地层的褶皱呈东西向，而且在向斜转折端岩层加厚，轴部发育强烈的轴面劈理；而侏罗系地层呈北东向的等厚褶皱，说明两者之间为角度不整合。表明本区在三叠纪晚期曾发生过一次地壳运动（即印支运动）。不整合上、下两套地层发育于不同的构造阶段，因此，与其相关的岩浆岩的发育程度、性质和类型，以及变质程度等方面都可有明显的差别。

（2）确定不整合的形成时代

通常两套地层之间的不整合反映在下伏地层形成以后到上覆地层沉积之前，曾经发生过一次地壳运动。所以，不整合所反映的地壳运动发生的时间，应当在其下伏地层中的最新地层形成以后和上覆地层中的最老地层沉积以前的这段时间。当上、下两套地层之间缺失的地层较少时，则所确定的不整合形成的时代比较确切，如上述北京西山的印支运动，发生于三叠纪晚期或侏罗纪之前。如果下伏地层中有岩浆岩的侵入，而它又被上覆地层所覆盖，则可通过测定该岩浆岩的同位素年龄，来比较精确地确定其所反映的地壳运动的年代。若上、下两套地层的时代间隔很大，则不整合所代表的地壳运动的时代就不易准确判断。华北地区石炭系和奥陶系之间的平行不整合就属于这种情况。

要正确判断不整合所代表的地壳运动的时代，必须从较大区域进行地层和构造的系统研究，以便确定所缺失的某一地层是根本就没有沉积（即地壳运动所引起的地区上升发生在前），还是沉积以后又被剥蚀掉了（地壳运动发生于其沉积以后）。

第二章　褶皱

褶皱是一个地质学名词，褶皱是岩石中的各种面（如层面、面理等）受力发生的弯曲而显示的变形。它是岩石中原来近于平直的面变成了曲面的表现。形成褶皱的变形面绝大多数是层理面；变质岩的劈理、片理或片麻理以及岩浆岩的原生流面等也可成为褶皱面；有时岩层和岩体中的节理面、断层面或不整合面，受力后也可能变形而形成褶皱。因此，褶皱是地壳上一种常见的地质构造。它在层状岩石中表现得最明显。有些褶皱的形成就像用双手从两边向中央挤一张平铺着的报纸。

第一节　褶皱几何描述与分类

褶皱（Fold）是地壳上最常见的、最基本的地质构造形态，是地壳构造中最引人注目的地质现象，尤其在层状岩层中表现最为明显。原始产状水平的岩层，因受力形成的一系列波状弯曲，叫作褶皱构造，但岩石仍保留连续性和完整性。

一、褶皱几何描述

（一）褶皱相关概念

1.褶皱

褶皱是指层状岩石的各种面受力后所产生的弯曲变形现象，是岩石塑性变形的具体表现。形成褶皱的面（称变形面或褶皱面）绝大多数是层（理）面。

2.褶曲

褶曲是褶皱构造的基本单位，即褶皱构造的每一个单独的弯曲。褶曲的基本单位有背斜和向斜。

背斜（Anticline）：地层向上弯曲，中间地层老，两侧地层新。

向斜（Syncline）：地层向下弯曲，中间地层新，两侧地层老。

褶皱=n个褶曲（n=1，2，…）=向斜+背斜。

若地层的新老关系不清，则分别称背形（Antiform）和向形（Synform）。

3. 背斜、向斜的形态

背斜、向斜是指其构造形态而言，切不可理解为地貌形态上，背斜向上拱一定成山、向斜向下弯就一定成谷。

背斜、向斜和地形上的山和谷不是对应关系，由于后期的风化剥蚀作用，背斜处于现今地形上的谷地，向斜位于山顶的现象也是很常见的。

多数情况下，背斜的形态为背形，称为背形背斜（简称背斜），是指岩层向上弯曲而凸向地层变新的方向，以较老地层为核的褶皱；向斜的形态为向形，称为向形向斜（简称向斜），是指岩层向下弯曲而凸向地层变老的方向，以较新地层为核的褶皱。但在有些复杂情况下，背斜的形态可以是向形，称为向形背斜，是指地层向下弯曲而凸向地层变新的方向，但核部仍为老地层的褶皱；向斜的形态可以是背形，称为背形向斜，是指地层向上弯曲而凸向地层变老的方向，但核部仍为新地层的褶皱。

（二）褶皱要素

褶皱要素是指褶皱的各个组成部分，主要有以下八种：

1. 核部（Core）

褶皱中心部位的岩层，一般常指经剥蚀后出露在地表面的褶皱中心部分的地层，也可简称为核。

2. 翼部（Limb）

褶皱核部两侧的地层，也可简称为翼。

3. 翼间角（Interlimb angle）

两翼相交的二面角。

4. 转折端（Hinge zone）

褶皱从一翼过渡到另一翼的弯曲部分。

5. 枢纽（Hinge line）

同一褶皱面上各最大弯曲点的连线，或称枢纽线。它可以是直线，也可以是曲线或折线；可以是水平线，也可以是倾斜线。它是代表褶皱在空间起伏状态的重要几何要素，其产状用倾伏角和倾伏向表示。

6. 轴面（Axial plane）

各相邻褶皱面的枢纽连成的假想几何面称为褶皱轴面，或称枢纽面。轴面可以是平面，也可以是曲面。轴面的产状与任何构造面的产状一样是用走向、倾向和倾角来确定的。

7. 轴迹（Axial trace）

轴面与包括地面在内的任何平面的交线均可称为轴迹。如果轴面是规则平面，则轴迹为一条直线；如果轴面是曲面，则轴迹是一条曲线。在平面上，轴迹的方向代表着褶皱的延伸、展布的方向。

8.脊（Ridge）和槽（Trough）

背形的同一褶皱面上的最高点为脊，它们的连线为脊线；向形的同一褶皱面上的最低点为槽，它们的连线为槽线。脊线或槽线沿着自身的延伸方向，可以有起伏变化。

褶皱的大小用波长和波幅来确定。在正交剖面上连接各褶皱面拐点的线称为褶皱的中间线。波长（Wavelength）是指一个周期波的长度，即等于两个相邻的同相位拐点（相间拐点）之间的距离，也可以是相邻顶（或枢纽点）或相邻槽之间的距离。波幅（Amplitude）是指中间线与枢纽点之间的距离。

（三）褶皱形态描述

正确地描述褶皱形态是研究褶皱的基础。描述褶皱就是要描述褶皱的要素特征并测量其产状，而这些要素特征和其产状通常在剖面中显示出来，以构成褶皱的剖面形态。褶皱的剖面形态是表现褶皱构造在三维空间中的几何形态的重要方式。研究褶皱常用的剖面有水平剖面、铅直剖面（横剖面）和正交剖面（横截面）。铅直剖面（Vertical section）是垂直于水平面的剖面；正交剖面（Profile）是垂直于枢纽的剖面。

同一褶皱在不同方向和不同位置的剖面上表现出的形态各不相同，通常采用横剖面和平面来观察和反映褶皱的形态特征。因此，褶皱的形态分类一般也以这两个剖面上所观察到的形态特征来划分。

1.横剖面图上褶皱形态的描述

（1）根据轴面产状及两翼产状特点分类

①直立褶皱（Upright fold）：轴面直立，两翼倾向相反，倾角相等。

②斜歪褶皱（Inclined fold）：轴面倾斜，两翼倾向相反，倾角不等。

③倒转褶皱（Overturned fold）：轴面倾斜，两翼向同方向倾斜，有一翼地层层序倒转。

④平卧褶皱（Recumbent fold）：轴面近水平，一翼地层正常，另一翼地层倒转。

⑤翻卷褶皱（Overthrown fold）：轴面弯曲的平卧褶皱。

（2）根据翼间角大小分类

①平缓褶皱（Gentle fold）：翼间角120° ~ 180°。

②开阔褶皱（Broad fold）：翼间角70° ~ 120°。

③中常褶皱（Normal fold）：翼间角30° ~ 70°。

④紧闭褶皱（Tight fold）：翼间角5° ~ 30°，也称闭合褶皱。

⑤等斜褶皱（Isoclinal fold）：翼间角近于0°，两翼近于平行。

褶皱翼间角的大小反映该褶皱的紧闭程度，亦反映了褶皱变形的程度。在出露良好、近于正交的剖面露头上，翼间角可直接测量，但通常是测量褶皱两翼的产状，再利用赤平投影的方法求得。

（3）根据褶皱面的弯曲形态分类

①圆弧褶皱（Curvilinear fold）：褶皱岩层（褶皱面）或转折端呈圆弧形弯曲。

②尖棱褶皱（Chevron fold）：两翼平直相交，转折端呈尖角状（往往只是一点），且两翼等长。

③箱状褶皱（Box fold）：两翼陡，转折端平直，褶皱呈箱状，常常具有一对共轴轴面。

④扇状褶皱（Fan fold）：两翼岩层均倒转，褶皱面呈扇状弯曲。背斜的两翼向轴面方向倾斜，而向斜的两翼却向两侧倾斜。由背斜构成的扇形褶皱称为正扇形构造，由向斜构成的扇形褶皱称为反扇形构造。

⑤构造阶地（Structural terrace）：陡倾斜褶皱岩层中一段突然变缓，形成台阶状弯曲。

⑥挠曲（Flexure）：在平缓的岩层中一段岩层突然变陡而表现出的褶皱面的膝状弯曲。

（4）根据对称性分类

①对称褶皱（Symmetrical fold）：褶皱的轴面为两翼的平分面，在剖面上两翼互为镜像。

②不对称褶皱（Asymmetrical fold）：褶皱轴面与该褶皱包络面斜交，而且两翼的长度和厚度不相等。

（5）根据形态关系分类

①协调褶皱（Harmonic fold）：也叫调和褶皱，该褶皱的各岩层弯曲形态基本保持一致或呈有规律的弯曲和变化，彼此协调一致。

常见的协调褶皱有平行褶皱（Parallel fold）和相似褶皱（Similar fold）两种，前者也叫同心褶皱或等厚褶皱，其特点是褶皱各岩层做平行弯曲，真厚度基本保持不变，各岩层具有共同的曲率中心，但曲率半径不等。这种褶皱常出现在浅部的强硬岩层中。后者是指各岩层经过弯曲后，上下层面弯曲成相似形状的一种褶皱，其特点是褶皱的各岩层具有大致相等的曲率半径和相似的构造形态，但曲率中心却不是共同的。褶皱两翼厚度变薄，顶部和槽部岩层厚度加大（属顶厚褶皱的一种），但沿轴面方向的视厚度各处近似相等。这种褶皱常发育于软弱岩层中，出现在中部及较深构造层次中。

②不协调褶皱（Disharmonic fold）：褶皱中各岩层的弯曲形态特征极不相同，其间，有明显的不协调突变现象。

常见的不协调褶皱有层间牵引褶皱和底辟构造。褶皱的不协调现象是很普遍的，在变形强烈地区、变质岩区或褶皱各岩层岩石力学性质差异较大的地区均常发育不协调褶皱。

2.平面上的褶皱形态的描述

（1）根据褶皱的某一岩层（褶皱面）在地面（平面）上出露的纵向长度和横向宽度之比，可将褶皱描述为以下四种：

①线状褶皱（Linear fold）：长与宽之比超过10 ： 1的各种狭长形褶皱。

②长轴褶皱（long axis fold）：长与宽之比介于10 ： 1到5 ： 1的褶皱。

这两类褶皱反映了褶皱形成时处于强烈挤压状态。由于这种褶皱常伴有断裂破坏，所以对油气聚集不利。

③短轴褶皱（Brachy fold）：长与宽之比介于5 ： 1 ~ 3 ： 1的褶皱构造，包括短轴背斜和短轴向斜。

④等轴褶皱：长与宽之比小于3 ： 1的褶皱构造，等轴背斜又称穹隆构造（Dome），褶皱层面呈浑圆形隆起；等轴向斜又称构造盆地（Structural basin），褶皱层面从四周向中心倾斜。

（2）根据褶皱几何形态及枢纽产状描述褶皱。

①圆柱状褶皱

从几何学观点出发，一条直线平行自身绕转轴移动而形成的弯曲面称为“圆柱状褶皱”。其特点是褶皱的轴线和枢纽平行并均呈直线。

②非圆柱状褶皱

凡不具上述特征的褶皱，则属于“非圆柱状褶皱”。非圆柱状褶皱中的一种特殊形态是圆锥状褶皱，其形态可以看成一直线一端固定地以某一角度绕转轴旋转而成。

当然，地壳中的大多数褶皱从整体上来看，都是非圆柱状褶皱，即褶皱的枢纽和轴线并不都是互相平行或都呈直线，而是褶皱延伸一定距离之后，其方位和形态就可能发生变化，甚至褶皱完全消失。

二、褶皱分类

（一）里查德分类

里查德（Richard）在总结前人关于褶皱产状分类的基础上，根据褶皱轴面倾角、枢纽倾伏角和侧伏角这三个变量绘制了一个三角网图，从而对褶皱产状可做三维定量研究（图2-1）。图上的边与*BC*边等度数相连的线代表轴面等倾角线；*AC*边各度数与*B*点的连线为枢纽在轴面上的等侧伏角线；*AC*边与*BC*边等度数（并结合与轴面产状的关系）相连的曲线表示枢纽等倾伏角线。

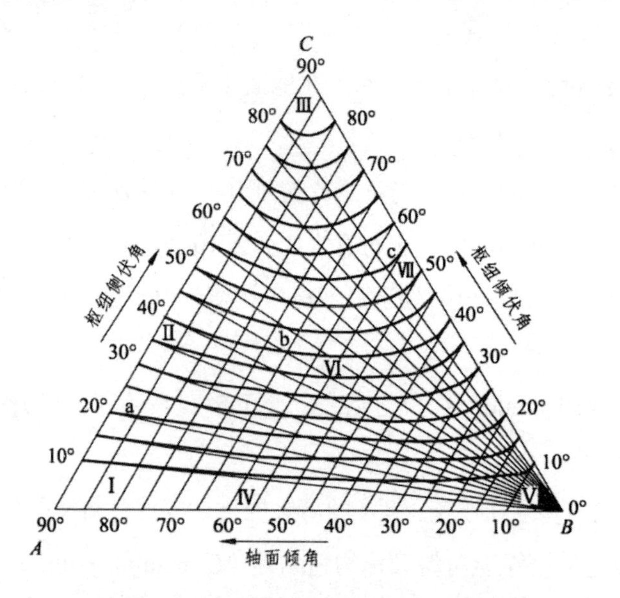

图2-1　褶皱三维形态类型三角网图

根据褶皱轴面产状和枢纽产状，里查德将褶皱描述为如下七种主要类型：

（1）直立水平褶皱：轴面近于直立（倾角为80° ~ 90°），枢纽近于水平（倾伏角为0° ~ 10°）。

（2）直立倾伏褶皱：轴面近于直立（倾角为80° ~ 90°），枢纽倾伏角为10° ~ 80° 。

（3）倾竖褶皱（直立褶皱）：轴面与枢纽均近于直立（倾角和倾伏角为80° ~ 90°）。

（4）斜歪水平褶皱：轴面倾斜（倾角为10° ~ 80°），枢纽近水平（倾伏角为0° ~ 10°）。

（5）平卧褶皱：轴面和枢纽均近于水平（倾角和倾伏角均为0° ~ 10°）。

（6）斜歪倾伏褶皱：轴面倾斜（倾角为10° ~ 80°），枢纽也倾伏（倾伏角为10° ~ 80°），但二者倾向和倾角均不一致。

（7）斜卧褶皱（重斜褶皱）：轴面倾角和枢纽倾伏角均为10° ~ 80°，而且二者倾向基本一致，倾斜角度也大致用等，即枢纽在轴面上的倾伏角为80° ~ 90°。

（二）兰姆赛分类

兰姆赛（Ramsay）提出了按岩层面等倾斜线的排列方式进行褶皱分类。任何褶皱岩层的形态主要取决于岩层顶底面倾斜变化率的相对关系。等倾斜线就是一种可以用来描述岩层褶皱形态的层面倾角变化率的标志。它的排列形式决定了褶皱岩层的形态特征，并且与岩层在褶皱中的厚度变化也有一定关系。等倾斜线是指相邻层面上切线倾角相等的切点的连线。其做法如下：

（1）在顺枢纽倾伏方向拍摄的照片上或在地质图作的横截面图上，用透明纸描绘出所要研究的某一褶皱岩层的顶、底面，并准确地标绘出轴迹和实地的水平线。

（2）以标出的水平线或轴迹相垂直的直线为基准，按一定角度间隔（如以5°或10°为间隔）在褶皱岩层的顶、底面上各作一系列相同倾角的切线。

（3）连接顶、底相邻褶皱面上切成倾角相同的两个切点的直线，就是所求等倾斜线。

褶皱岩层的厚度变化用褶皱翼部岩层厚度与褶皱枢纽部位岩层的厚度之比来表示：

$$t' = t_\alpha / t_0 \qquad (2\text{-}1)$$

式中，t_α——褶皱轴面直立时倾角为c的翼部岩层的厚度，是褶皱层上下界面等倾斜切线间的垂直距离；

t_0——褶皱枢纽部位岩层的厚度；

t'——表示某一褶皱层不同倾角（α）处的厚度比。

兰姆赛根据褶皱等斜线形式和厚度变化参数所反映的相邻褶皱曲率关系把褶皱分成3类5型，具体内容为：

Ⅰ类：等斜线向内弧收敛，内弧的曲率总是大于外弧的曲率。根据等斜线的收敛程度，再细分为3个亚型：

IA型：等斜线向内弧强烈收敛，各线长短差别极大，内弧曲率远大于外弧曲率，为典型的顶薄褶皱。

IB型：等斜线也向内弧收敛，并与褶皱面垂直，各线长短大致相等，褶皱层真厚度不变，内弧曲率仍大于外弧曲率，为典型的平行褶皱或等厚褶皱。

IC型：等斜线向内弧轻微收敛，转折端等斜线比两翼附近的等斜线要略长一些，反映两翼厚度有变薄的趋势，内弧曲率略大于外弧曲率，为平行褶皱向相似褶皱的过渡形式。

Ⅱ类：等斜线相互平行且等长，褶皱层的内弧和外弧的曲率相等，即相邻褶皱面倾斜度基本一致，为典型的相似褶皱。

Ⅲ类：等斜线向外弧收敛、向内弧散开，呈倒扇状，即外弧曲率大于内弧曲率，为典型的顶厚褶皱。

自然界中，多数褶皱都可归属上述3类之中，但也存在着更为复杂的褶皱类型。

用等斜线的分类可以比较精确地测定褶皱的几何形态，且可以描述绝大多数的褶皱形态，因而得到了广泛应用。

第二节 褶皱组合类型与形成机制

一、褶皱组合类型

在地壳中，各种各样的褶皱大多数不是单个、孤立地出现的，往往是不同形态、不同规模和级次的褶皱以一定的组合形式分布于不同的构造地区。因此，我们需要研究褶皱的组合形式（Association types）。然而，并非任何褶皱都可以随意组合，只有同一地壳运动时期的同一构造应力场作用下，所形成的具有力学成因联系的一系列褶皱才能组合起来。以下重点介绍褶皱在平面上和横剖面上的组合形式。

（一）褶皱在平面上的组合形式

1. 平行褶皱群

一系列背斜和向斜相间平行排列，它们显示出区域性水平挤压的特征。

2. 枝状褶皱群

一个主褶皱沿其延伸方向分为若干分枝小褶皱。

3. 雁行褶皱群

一个地区内一系列背斜和向斜相间平行斜列如雁行，例如，柴达木盆地中的褶皱群，这是区域性水平力偶作用形成的。

4. 帚状褶皱群

一系列褶皱呈弧形扫帚状排列。这类褶皱群在一端收敛，在另一端散开，这是区域性水平旋扭运动造成的。广西巴马帚状构造就是其中一例。

5. 弧形（状）褶皱群

一系列褶皱呈弧形排列，这是区域性不均匀水平运动引起的。

6. 穹隆和构造盆地

大都是形态简单、平缓或开阔的褶皱，平面组合往往没有特别明显的规律性，轴线并无一定的方向。

（二）褶皱在横剖面上的组合类型

1. 阿尔卑斯式褶皱（Alpinotpye folds）——复式褶皱

阿尔卑斯式褶皱又称为线形褶皱、全形褶皱，为平行式的褶皱组合，其典型特征是由一系列彼此平行排列、延续时间很长、相间同等发育的复背斜和复向斜组成。

复背斜（Anticlinorium）和复向斜（Synclinorium）是一个两翼被一系列次级褶皱所复杂化了的大型褶皱构造。复背斜和复向斜统称为复式褶皱（Compound folds）。

各次级褶皱与总体背斜和向斜常有一定的几何关系。一般认为，典型复式褶皱的次级褶皱轴面常向该复背斜或复向斜的核部收敛。不过，实际上许多复背斜和复向斜都经历过多次构造运动，导致其次一级褶皱产状和形态极为复杂，在平面上，次级褶皱的轴线延伸方向近于平行。

在野外和在地质图上认识复背斜和复向斜，主要根据区域性新老地层的分布特征进行。例如，在一个褶皱带中，如果中央地带的次级背斜核部地层较两侧次级背斜核部地层老，则为复背斜；反之，则为复向斜。

复背斜和复向斜常形成于强烈水平挤压的构造环境中，也常分布在这种构造活动地带，如：我国喜马拉雅山和欧洲的阿尔卑斯山等褶皱带中都有这类褶皱。

2. 侏罗山式（Jura-tpye folds）——隔挡式褶皱和隔槽式褶皱

侏罗山式褶皱为准平行式褶皱组合，其与阿尔卑斯褶皱的主要不同在于相间的背斜和向斜的紧密陡倾和开阔平缓程度不同。隔挡式褶皱和隔槽式褶皱是侏罗山式褶皱的典型样式。

隔挡式褶皱（Ejecrive folds）又称梳状褶皱，由一系列平行的紧闭背斜和开阔平缓向斜相间排列而成。四川盆地东部的一系列北北东向褶皱的组合就是这类褶皱的典型实例。

隔槽式褶皱（Trough-like folds）是由一系列平行的紧闭向斜和平缓开阔背斜相间排列而成的构造。其向斜紧闭且形态完整，呈线状排列，背斜则平缓开阔，呈箱状。黔北-湘西一带的褶皱就属于这种类型。

隔挡式褶皱与隔槽式褶皱的共同特点是背斜和向斜平行相间排列，但是背斜和向斜变形特点截然不同。

3. 日耳曼式褶皱（Germanotpye folds）——短轴状隆起构造

日耳曼式褶皱又称断续褶皱或自形褶皱，其特征是背斜和向斜的发育程度不相等，主要体现为孤立分散的短轴状隆起构造。此类隆起式背斜褶皱大多没有向斜对应出现，且其群体定向排列较差，产出于相对稳定的构造区内部、近水平岩层广泛发育地区。

二、褶皱形成机制

千姿百态的褶皱到底是怎样形成的，它们经历了哪些变形过程，褶皱的形成受到哪些因素和条件的影响，褶皱的形态、产状和分布特点与形成方式之间有哪些内在联系等，这些问题都将关系到褶皱形成机制。

对于同一个褶皱形态，其形成机制可能是多种方式共同作用。例如，箱状褶皱，就可能是上顶作用、挤压作用、下降作用或区域升降作用之中的一种或几种联合作用的结果。再如，一个水平岩层形成波状起伏的褶皱，不单纯是塑性变形结果，也不单纯是岩层受挤压而形成弯曲的简单过程。因为岩石变形既受构造应力场制约，又受岩石力学性质和变形环境的影响。也就是说，褶皱成因各异，有着不同的形成条件、不同的形成作用和形成方式。所以，对褶皱形成机制的研究尚处于积极探索阶段。

（一）纵弯褶皱作用（Buckling）

岩层受到顺层挤压力的作用而产生褶皱，称为纵弯褶皱作用。这种作用最大的特点是岩层沿轴向发生缩短，而地壳中的水平运动是造成这种作用的主要地质条件。它发育于地壳活动带和浅部带。自然界中大多数褶皱是由纵弯褶皱作用形成的。

单层岩石受轴向挤压发生纵弯曲时的应力和应变分布特点：最初为圆形的圆圈变成了椭圆，弯曲层面的外凸一侧受到平行于弯曲弧的引张而拉伸，而内凹一侧则受到平行于弯曲孤的挤压而压缩，二者之间有一个既无拉伸也无压缩的无应变的中和面。中和面的位置随着弯曲的加剧和曲率的增大而逐渐向核部迁移。

当单一岩层或彼此黏结很牢成为一个整体的一套岩层受到侧向挤压形成纵弯曲时，在不同部位可能产生各种内部小构造。如岩层韧性较高，褶皱的外凸侧受侧向拉伸而变薄，内凹部分因压缩、压扁（压扁面垂直层理）而变厚；如为较脆性的岩层，在外凸部分常形成与层面正交、呈扇形排列的楔形张节理或小型正断层，甚至地堑或地垒，内凹部分因挤压面形成逆断层；若微层理发育较好，在内凹一侧也可形成小褶皱。

当一套多层岩石受纵弯褶皱作用而发生弯曲时，不存在整套岩层的中和面，而因韧性不同以弯滑作用或弯流作用的方式形成褶皱。

1. 弯滑作用（Flexural slipping）

弯滑作用是指一系列岩层通过上、下岩层之间的层间滑动而弯曲成为褶皱。其主要特点如下：

（1）各单层有各自的中和面，而整套褶皱岩层没有统一的中和面。各相邻层面相互平行（形成平行褶皱），褶皱各部位之厚度大体相等。

（2）相邻岩层的层间滑动方向为各相邻上层相对向背斜转折端滑动，各相邻下层相对向向斜转折端滑动。

由于层间滑动作用，一方面，强硬岩层在翼部可能产生旋转剪节理、同心节理及层间破碎带和层间劈理，且在滑动面上留下与褶皱枢纽近直交的层面擦痕；另一方面，由于两翼的相对滑动，岩层往往在转折端形成空隙，造成虚脱现象，可在此形成鞍状矿体。

（3）当两个强硬岩层之间夹有韧性岩层（塑性层）时，若发生纵弯褶皱作用，在弯滑作用下（坚硬层的相对滑动），常形成不对称的层间小褶皱。这种褶皱的轴面与上、下岩层面所夹的锐角指示相邻岩层的滑动方向，人们常用层间褶皱所示的滑动方向来判断岩层的顶、底面，从而确定岩层层序的正常或倒转，及背斜和向斜的位置。

2. 弯流作用（Flexural flow）

纵弯褶皱作用使岩层产状弯曲变形时，不仅发生层间滑动，而且某些岩层的内部还出现物质流动现象，这种由于岩层内部物质流动而形成的褶皱作用称为弯流作用。其特点如下：

（1）大都发生在脆性原层之间的塑性层内（如泥灰岩、盐层、煤层、黏土岩层等）。

（2）层内物质流动方向一般是从翼部流向转折端，致使岩层在转折端处不同程度地增厚，在翼部相对变薄，从而形成相似褶皱或顶厚褶皱（横弯褶皱作用时相反）。

（3）当软硬互层的岩层受到顺层挤压时，硬岩层仍形成平行等厚褶皱，软岩层因流动形成顶厚褶皱。这样出现顶厚与等厚两种褶皱同生共存的现象。

（4）由于层内物质塑性流动，可能产生线理、劈理或片理等小型构造，如夹有脆性薄岩层，则可形成构造透镜体。

（5）如果发生层间差异流动，则在主褶皱翼部和转折端形成从属褶皱（从属褶皱是指与主褶皱有成因联系并有一定几何关系的次级小褶皱），其形态和产状显示出层内物质向转折端流动的特征。

（二）横弯褶皱作用（Bending）

岩层因受到与层面垂直方向上的挤压而形成褶皱的作用称为横弯褶皱作用。这种褶皱常见于地壳稳定区和地壳坚硬区，其褶皱形态一般较缓和，褶皱两翼岩层不存在挤压收缩现象。

因岩层的原始状态多近于水平，故横弯褶皱作用的挤压也多自下而上。产生这种力的原因，包括地壳的差异升降运动、岩浆的顶托或上拱作用、岩盐层及其他高塑性岩层的底辟作用，以及沉积、成岩过程中产生的同沉积压实作用等。这种作用在地壳中是局部的，较为次要。横弯褶皱作用也会引起弯滑作用和弯流作用两种方式，但是，它们与纵弯褶皱作用有明显的不同，其特点如下：

（1）横弯褶皱的岩层整体处于拉伸状态，所以不存在中和面。

（2）横弯褶皱作用所形成的褶皱一般为顶薄褶皱，尤其是由于岩浆侵入或高韧性岩体上拱造成的穹隆更明显，在这种情况下，顶部不仅因拉伸而变薄，而且还可能造成平面上的放射状张性断裂或同心环状张性断裂，如为矿液充填，就会形成放射状或环状矿体。

（3）横弯褶皱作用引起的弯流作用是使岩层物质从转折端向翼部流动（易形成顶薄褶皱）。韧性岩层在翼部由于重力作用和层间差异流动可能会形成轴面向外倾倒的层间小褶皱，其轴面与主褶皱的上、下层面的锐夹角指示上层顺倾向滑动，下层逆倾向滑动。

（4）横弯褶皱作用一般形成单个褶皱，尤其以弯隆或短轴背斜最为常见，很少形成连续的波状弯曲。

（三）剪切褶皱作用（Shear folding）

剪切褶皱作用又称滑褶皱作用，发育于强烈活动的构造带和地下深处。这种作用使岩层沿着一系列与层面不平行的密集剪切面发生有规律的差异性滑动而形成褶皱。剪切褶皱作用的特点如下：

（1）剪切褶皱作用形成的褶皱并非岩层的真正弯曲变形，而是岩层沿密集破裂面发生的有规律的差异滑动造成的锯齿状弯曲外貌。

（2）剪切褶皱的典型形式是相似褶皱，也就是在横剖面上平行于轴面（也是滑动面）方向所量得的视厚度，在褶皱的各部位基本相等，但是真厚度为顶部大、两翼小。

（3）在剪切褶皱作用中，岩层面不起任何控制作用，滑动也不限于层内，而是穿层的。此时，岩层面只作为被动地反映差异滑动结果的标志，故有人又称之为被动褶皱作用。应注意差异滑动和弯滑作用的区别，前者滑动面不是原生面，是非顺层的切面，滑动作用不受层面控制。

（4）剪切褶皱作用多产生在变质岩地区，在变质岩中普遍发育的劈理或片理面常作为差异滑动面。

（四）柔流褶皱作用（Flow folding）

柔流褶皱作用是指高韧性岩层（如岩盐、石膏、黏土、煤层等）或岩石处于高温高压环境下变成高韧性流体，受到外力的作用而发生类似黏稠的流体那样的流动变形，从而形成复杂多变的褶皱，如盐丘构造中的膏盐层、变质岩和混合岩化的岩体中，有些长英质脉岩受力流变而成的肠状褶皱。

（五）膝折褶皱作用（Kinking）

膝折褶皱作用是一种兼具弯滑褶皱作用和剪切褶皱作用两种特征的特殊褶皱作用，它主要发生在岩性较均一的脆性岩层或面理化岩石中，如在硅质板岩、硅质层中最为发育。岩层在一定围岩限制下，受到与层理平行或稍微斜交的压应力作用，使岩层发生层间滑动，但又受到某些限制，常常使滑动面发生急剧转折，即围绕一个相当于轴面的膝折面转折而成尖棱褶皱。这种褶皱既有平行褶皱的特征，又有相似褶皱的特点。

第三节　叠加褶皱与褶皱野外观察研究

一、叠加褶皱

叠加褶皱又称重褶皱，是已经褶皱的岩层再次弯曲变形而形成的褶皱，多发育于变形作用强烈而复杂的地区或造山带内。叠加褶皱反映了多期、多阶段变形的产物。

（一）叠加褶皱基本形式

兰姆赛（Ramsay）总结的两期褶皱叠加的四种基本形式，因其系统性和全面性而广为引用，成为经典的两期褶皱叠加形式：

1.类型0无效叠加作用

两期褶皱相互作用没形成一般认为叠加褶皱所具有的几何现象，所产生的三维几何特征实际上与单期变形产生的褶皱构造相似。如果两期褶皱具有相同的波长，那么最终的形态取决于两个叠加波形的同相或不同相关系。或者同相波形叠加而仅导致褶皱振幅增大，或者不同相波形相互抵消而使褶皱消失，或者是上述两者之间的过渡。如果两期褶皱波长不同，则可能形成各种类型的多级协调褶皱。这种叠加形式虽然从理论上存在，但目前还没有这方面的报道。

2.类型1穹隆-盆地形式

晚期褶皱的最大应变轴与早期褶皱的轴面平行或低角度相交，但两期褶皱的中间应变轴（平行褶皱枢纽）高角度相交或垂直。这种叠加形式相当于所谓的“横跨褶皱”或“斜跨褶皱”。早期褶皱一般为轴面近于直立的较开阔褶皱，被后期褶皱叠加后，轴面形态变化不大，但枢纽被弯曲呈有规律的波状起伏，常见的形态为一系列穹隆和构造盆地相间的构造。两期背形叠加形成穹隆构造，两期向形叠加形成构造盆地，晚期背形横过早期向形或者晚期向形横过早期背形时，背形枢纽倾伏，向形枢纽仰起形成鞍状构造。

穹隆和构造盆地的存在并不完全意味着叠加褶皱事件，上文所述的底辟褶皱或底辟构造也可以形成类似的样式。但不同的是，两期叠加变形事件形成的穹隆和构造盆地具有高度的几何规律，叠加褶皱内与两期变形有关的褶皱通常在样式、波幅、波长及伴生的小型构造方面均与底辟褶皱和底辟构造有系统的差别。

3.类型2穹隆状-新月状-蘑菇状形式

晚期褶皱的最大应变轴与早期褶皱轴面夹角很大，两期褶皱枢纽呈中等或大角度相交。这时早期褶皱轴面和枢纽均发生强烈弯曲，在水平切面则形成复杂的新月形、蘑菇形等图形。

4.类型3收敛-离散形式（共轴叠加褶皱）

晚期褶皱的最大应变轴与早期褶皱的轴面夹角很大，但两褶皱的枢纽近于平行，此时，早期褶皱的轴面发生弯曲而枢纽不发生弯曲。这种叠加形式在横截面上可以出现双重转折和钩状闭合等形态。

（二）叠加褶皱的野外观察

在野外识别和确定叠加褶皱存在的主要标志包括：

（1）重褶现象，在褶皱的同一切面上，不仅有先存褶皱轴面的重新弯曲，而且还有褶皱面或褶皱岩层的双重转折现象。

（2）新生构造有规律地变化，新生叶理和线理一般代表一期构造变形，它们有规律地弯曲一般意味着新生褶皱变形面在新的构造应力场中的又一次弯曲变形，如轴面叶理的弯曲、置换作用形成似层理的重褶皱，以及褶皱枢纽有规律的变位等。

（3）两组不同类型且不同方位的叶理或线理有规律地交切。

（4）陡倾伏褶皱的广泛发育也是叠加褶皱可能存在的标志之一。

二、褶皱野外观察研究

（一）露头区褶皱类型的确定

1.野外露头上直接观测

对具体的褶皱构造，我们可通过很多方法确定它们的类型和特点，但其中最简单、最有效、最直接的方法莫过于野外露头观测，也就是在野外一切天然和人工露头的地方（相当于不同方向的切面）直接观察它们的形态，并测定褶皱的产状和各种要素。

对于规模较小出露完整的褶皱，有时可以从露头直接量得该褶皱的轴面和枢纽，但对于那些规模较大而出露又不完整的褶皱，或褶皱的一部分被土壤覆盖，或由于其他原因观测不全的褶皱，往往需要系统地测量岩层的产状，并用计算或赤平投影的方法较准确地确定轴面和枢纽的产状。

在野外露头上，还要进行记录、描述、野外素描和照相等，从而尽可能全面地收集宝贵的第一手资料。

2.查明地层层序和追索标志层

查明地层层序是研究褶皱和区域构造的基础，因此，首先要进行地层研究，根据古生物和岩石沉积特征查明其时代层序，进行地层划分，或根据岩石中各种原生构造及伴生小构造（如层间小褶皱、节理、劈理等）来查明岩层相对顺序，区别层序正常和倒转的地层；然后根据地层对称重复的关系确定背斜和向斜的所在位置，通常背斜核部地层较老，而向斜核部地层较新。

为了查明褶皱的规模和形态，还应追索标志层，圈出标志层的出露界线，测量其产状变化。在查明地层层序或追索标志层时，要注意转折端的研究。因为无论褶皱两翼岩层层序是否正常，在转折端处总是正常的，所以转折端的研究可以帮助确定地层层序。另外，由于平面转折端形态和剖面转折端形态基本一致，所以它有助于确定褶皱的形态类型（详见地质图的分析部分）。

3.分析褶皱内部构造

（1）利用层间褶皱确定主褶皱的轴面

当一套岩层弯曲时，两个坚硬岩层间塑性岩层在上、下两层之剪切力偶作用下，发生两翼不对称的层间褶皱。层间小褶皱的轴面总是与上下坚硬岩层面斜交，其锐夹角指示相邻岩层的相对滑动方向（纵弯褶皱作用为前提）。除了翻卷褶皱等，一般情况下，可依据这种层间滑动规律来判断岩层顶、底面，从而确定地层层序是正常或倒转，以及背斜和向斜的相对位置。

（2）用错动的岩脉来判断褶皱构造

若岩层受纵弯褶皱作用之前已有节理或沿节理充填其他物质（如：方解石、石英等），当岩层发生弯曲时，随着层间滑动节理或岩脉被一一错开，其错开的方向与层面上发生的剪切力的方向是一致的，在背斜两翼自下而上向远离槽部方向错动。

4.分析褶皱区域地质图

褶皱构造在地质图上的表现状态，主要取决于它们的几何形态。但是在地质图上分析和研究构造特征时，不仅要考虑其形态特征，还必须同时考虑地层的层序（新老关系）、岩层产状的变化、枢纽的起伏、轴面及轴线的分布状况及地形条件等。

（1）背斜、向斜的分析

褶皱构造在地质图上最基本的表现特征是新老地层分布的对称性。如果岩层产状与水平面斜交，背斜在地质图上表现为老的地层位于核部，新的地层分布在两翼，呈对称分布；向斜则恰好相反，新的地层存在于褶皱中心，而两侧对称分布着相对较老的地层。若在地质图的相应位置上标有岩层产状，则配合起来分析更容易确定背、向斜。

（2）褶皱两翼陡缓和倒转翼的分析

如果在地质图上标有产状符号，可直接认识两翼产状及其变化情况；若缺少产状符号，则可根据两翼岩层露头宽度的差异来定性分析两翼的相对陡缓。

在地形平坦的前提下，如果两翼岩层的厚度和倾角都相等，则两翼岩层的露头宽度亦应相等；如果两翼厚度相等而倾角不等，则岩层在地质图上表现为较陡的翼露头窄、较缓的翼露头宽。因此，根据两翼地层露头的宽窄和倾斜方向，不难分析直立褶皱和斜歪褶皱。倒转褶皱的倒转翼在地质图上也有一定的反映。由于倒转翼的岩层从翼部向倾伏端方向倾角由缓变陡，所以到倾伏转折端（地层为正常层序）附近总有一段产状是直立的。因此，在褶皱倾伏端和倒转部分的岩层露头宽度相对较大，而直立部分宽度最窄。根据这一特点，在地质图上可以分析由翼部向转折端过渡处，岩层露头出现最窄一段的那一翼为倒转翼。

（3）褶皱枢纽产状的分析

褶皱的枢纽在空间的产状不同，褶皱两翼岩层在地质图上分布的情况也各不相同。当褶皱构造被水平面切开后，如果枢纽是水平的，两翼岩层将成平行条带状延伸并与轴线平行。

当褶皱的枢纽发生倾斜时，一组连续的褶皱在地质图上，岩层分布形态为“W”形状，其中每一“V”字形就是一个褶皱，弯转的部分就是褶皱在平面上的转折端。

褶皱平面转折端的形态（地质图上）分析，也有助于确定褶皱类型。弯曲形态为浑圆状时，褶皱的形态类型一般为圆滑褶皱；转折端的形态为方形时，一般为箱状或屉状褶皱；转折端的平面形态为折线状时，一般为尖棱褶皱。

（4）褶皱的轴迹与轴面的分析

如前所述，在地形平坦的条件下，枢纽呈水平状态时，轴迹与两翼地质界线的延伸方向平行；枢纽倾伏时，若为两翼对称的直立褶皱，则轴迹在平面上成为两翼的平分线，若两翼倾角不等时，轴迹靠近陡翼一边。

地面近水平、轴面近直立、枢纽倾伏较缓的褶皱，在地质图上两翼岩层界线转折点的连线大体为该褶皱的轴迹，转折端的方向也大致反映枢纽的倾伏方向。对于斜歪倾伏褶皱，尤其是斜卧褶皱和形态较复杂的褶皱，成地形复杂、起伏较大的褶皱，则地质图上其两翼岩层露头线转折点的连线与枢纽方向不一致。一个斜卧褶皱，从地面（假设平坦）上看，岩层露头转折端点连线表现出向南倾伏，但枢纽实际倾伏方向却是正东，两者相差90°。

在地质图上，我们也可从两翼产状大致判断轴面产状。若两翼倾向、倾角基本相同，则轴面产状与两翼产状基本一致。对于两翼产状不等或一翼倒转的褶皱，其轴面大致是向缓翼方向倾斜，轴面倾角大小介于两角之间。

以上均为在地面平坦的前提下讨论的平面情况。实际上，由于风化剥蚀，地面这一天然切面必然会起伏不平，而且可以从任意方向切割和反映褶皱构造。一个简单的圆柱状褶皱，但在不同方向的切面上所出露的形态就大不相同，地面可以是其中的任一面。因此可认为，褶皱在地面上的露头形态只是褶皱在该方向面上的地形效应，是褶皱不完整甚至是被歪曲了的形象。故野外工作时，必须详细观测、综合分析各侧面的形态。

（二）地下褶皱构造的研究方法

关于露头区地下构造的研究，除了覆盖区地下构造研究的那些方法、手段之外，还可根据地表出露的构造特征大体推测深入地下的情况。对褶皱构造来说，可以从褶皱的地表形态特征推断它向地下延伸的变化。如：根据地面出露特征分析为顶薄褶皱，则可据此推断其两翼岩层向深部很可能变厚、变陡；相似褶皱且整套岩性也较一致，则褶皱形态可能延伸到一定深度还基本不变；地表观测为平行褶皱，则褶皱曲率向深部变大或变小，整个褶皱不可能延伸很深。由于形成褶皱的诸方面因素之差异，其形态、大小及隆起幅度和高点位置等，都会随着埋深的增加可能发生变化。

（三）褶皱形成时代的研究

1.角度不整合分析法

根据地层不整合面的存在以及不整合面上、下褶皱形态是否连续一致，我们可以推断包括褶皱在内的各种构造形成时代的上限和下限。如果不整合面以下的地层均褶皱，而其上的地层未褶皱，则褶皱运动应发生于不整合面下伏的最新地层沉积之后和上覆最老地层沉积之前；如果不整合面上、下地层均褶皱，而上下地层即不整合面的褶皱方式又都完全一致，则褶皱运动是后来发生的；如果不整合面上、下地层均褶皱，但褶皱方式、形态又都互不相同，则至少发生过两次褶皱运动；如果一个地区的地层有两个角度不整合面，且两个不整合面上、下地层均褶皱，则该区发生过三次或更多次褶皱运动。

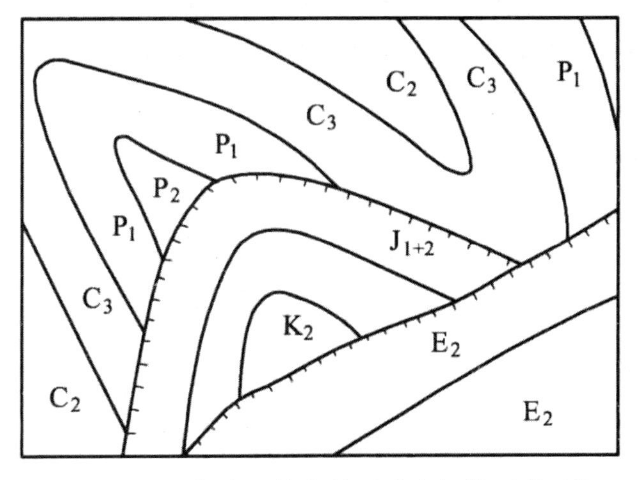

图2–2 利用角度不整合关系确定褶皱形成时期

如图2-2所示，图中存在两个不整合面（划分三个构造层）：一是中、下侏罗统与下伏地层的接触面，二是古新统与下伏地层的接触面。根据褶皱形成时代的确定原则，本地区至少发生过两次构造运动（褶皱变动）。最下伏构造层经受两次褶皱作用，一次为晚二叠世之后、早侏罗世之前，另一次发生在晚白垩世之后、古新世之前。中部构造层只经历了一次褶皱变动，即经过第二次构造运动形成褶皱。最上覆构造层，即古新统地层没有经受构造运动，故保持水平状态。

2.岩性厚度分析法

同沉积背斜是在地层一方面沉积一方面基底又不断隆起的条件下形成的，因此顶部地层薄，而向两翼地层逐渐加厚，顶部地层倾角小，而两翼倾角逐渐变陡，顶部地层颗粒粗，向两翼粒度逐渐变细等，根据地层剖面中的上述变化特点也可以推断同沉积褶皱的形成时期。

此外，褶皱的形成时期还可根据与褶皱相接触的岩浆岩体的同位素年龄来加以间接确定；根据褶皱的重叠现象，我们可以分析多期褶皱的存在及各期褶皱的相对先后顺序，其方法较多，主要是在变质岩地区使用。

（四）褶皱构造对工程建设的影响

褶皱构造对工程的影响程度与工程类型及褶皱类型、褶皱部位密切相关，对于某一具体工程来说，所遇到的褶皱构造往往是其中的一部分，因此褶皱构造的工程地质评价应根据具体情况做具体的分析。在褶皱的翼部主要是单斜构造中倾斜岩层引起的顺层滑坡问题。倾斜岩层作为建筑物地基时，一般无特殊不良的影响，但对于深路堑、高切坡及隧道工程等则有影响。对于深路堑、高切坡来说，当路线垂直于岩层走向，或路线与岩层走向平行但岩层倾向与边坡倾向相反时形成反向坡，就岩层产状与路线走向的关系而言，对边坡的稳定性是有利的；当路线与岩层走向平行且岩层倾向与边坡倾向一致时形成顺向坡，稳定性较差，特别是当边坡倾角大于岩层倾角时且有软弱岩层分布在其中时，稳定性最差。对于隧道工程来说，从褶皱的翼部通过一般较为有利。如果中间有软弱岩层或软弱结构面时，则在顺倾向一侧的洞壁，有时会出现明显的偏压现象，甚至会导致支护结构的破坏，发生局部坍塌。

第三章　节理与断层

节理，岩石中的裂隙，断裂构造的一类，指岩石裂开而裂面两侧无明显相对位移者（与有明显位移的断层相对）。这是由于岩石受力而出现的裂隙，但裂开面的两侧没有发生明显的（眼睛能看清楚的）位移，地质学上将这类裂缝称为节理，在岩石露头上，到处都能见到节理。地壳上部岩石中最广泛发育的一种断裂构造。通常，受风化作用后易于识别，在石灰岩地区，节理和水溶作用形成喀斯特。岩石中的裂隙，是没有明显位移的断裂。节理是地壳上部岩石中最广泛发育的一种断裂构造。

第一节　节理

岩石因受力而破裂的现象称断裂，产生的构造称断裂构造。断裂构造使岩石的连续性和完整性遭到破坏，并可使破裂面两侧岩块沿破裂面发生位移。

凡破裂面两侧的岩石沿破裂面没有发生明显的相对位移或仅有微量位移的断裂构造，叫节理（Joint）；若破裂面两侧的岩石沿破裂面发生较大和明显相对位移的断裂构造，叫断层（Fault）。

一、节理的相关概念

（一）节理

节理又称为裂缝或裂隙，它们是岩石受力发生破裂，两侧的岩石沿破裂面没有发生明显位移的一种断裂构造。

（二）节理面

节理构造的破裂面叫节理面。节理面的产状反映了节理在空间的位态，仍用走向、倾向和倾角来表示。

（三）节理组

同一时期、相同应力作用下产生的方向相互平行或大致平行、力学性质相同的节理组合成为一个节理组。其排列形式有平行型和斜列型。如：在同一时期内由侧向拉伸的张应力作用所产生的若干节理，其方向大体一致，组合成一个节理组，为平行型的排列方式；由扭动作用诱导的张应力造成的若干节理，也组合成一个节理组，它们的方向虽然彼此平行，但其排列型式为斜列型。

（四）节理系

同一时期、相同应力作用下产生的两组或两组以上的节理组合成为一个节理系。其排列形式有“X”形、环形、放射形等。共轭剪节理即为同一时期的剪应力作用所产生的两组节理，相交成“X”形，故称为“X”形节理系或交叉形节理系；穹隆构造地区常见到的许多方向不同的节理呈环状或放射状分布，它们均系同一时期的张应力作用造成的，可分别组合成环形或放射形节理系。

需要注意的是：不是任何方向相同的节理均可归为一个节理组，也不是任何方向不同而又交叉排列的两组节理均可称为“X”形节理系；在一个节理组或一个节理系中不可能同时存在两种力学性质不同的节理。这是野外研究节理组合必须掌握的基本原则。

节理发育的基本特征是分布普遍、发育不均同时又具有方向性和组系性。单个节理的形态是多样的，有平直、有弯曲，亦有呈锯齿状的。

根据节理的规模及其连通情况，一般来说，大节理的渗透性较高，而小节理的渗透性较低。节理中的充填物有硅质、铁质、钙质、泥质等，一般以硅质充填的节理渗透性较紧，以泥质充填的较疏松，铁质和钙质充填介于两者之间。碳酸盐岩地区的节理常被钙质充填。

岩性特征及构造发育部位的不同也影响节理的发育。如酒泉盆地鸭儿峡构造砂岩中的节理每米多于90条，页岩中的节理每米少于20条。

同一岩层在不同的构造部位，节理的发育程度亦不相同，在构造轴部比在构造翼部大。

二、节理分类及特征

节理形成的原因很多，按节理形成与岩石形成的时间先后关系，可将节理分为原生节理（Primary joints）和次生节理（Secondary joints）两个基本类型。原生节理是在成岩过程中形成的，次生节理是在岩石形成以后形成的。

（一）岩浆岩中原生节理的分类

1.喷出岩体的原生破裂构造

柱状节理是玄武岩中常见的一种原生破裂构造。柱状节理面总是垂直于熔岩的流动层面，在产状平缓的玄武岩内，若干走向不同的这种节理常将岩石切割成无数个竖立的多边柱状体，因而称柱状节理。

柱状节理的形成与熔岩流冷凝收缩有关，熔岩流动面即为冷凝面，因此，柱状节理面往往垂直于冷凝面。在一个冷凝面上，熔岩围绕若干冷缩中心冷凝收缩，从而在两个相邻冷缩中心连线的方向上产生张应力，柱状节理就是一系列垂直于若干张应力的方向上形成的张节理。从理论上来说，一个冷凝面上各向相等的张应力的解除是通过三组彼此呈120°交角的无数规则分布的张节理的形成而实现的，因此，柱状张节理的横断面一般应为等六边形。但这种理想的情况比较少见，所以，柱状节理的横断面除了六边形以外，由于熔岩物质的不均一性等因素的影响，其横断面有四边形、五边形或七边形等多种形态。

2. 侵入岩体的原生破裂构造

侵入岩体的原生破裂构造划分为下列几种：

（1）横节理（Q节理）

横节理的节理面与流线相垂直，产状较陡，节理面粗糙，没有擦痕面，发育于侵入岩体顶部，可能是由于未冷凝的岩浆向上挤压作用产生的侧向水平拉伸作用形成的，属于张节理性质。横节理为较早期发生的节理，常被残余岩浆和岩浆期后热液物质充填。横节理的产状随流线的产状变化而变化。横节理也可能是由于岩浆流动导致水平拉伸作用所形成的。

（2）纵节理（S节理）

纵节理面平行于流线而垂直于流面。节理产状较陡，节理面也较粗糙并不显擦痕，发育于侵入岩顶部流线平缓的部位，其形成可能与侵入岩体沿自身的长轴方向发生的拉伸作用有关。其性质也是张节理，但不如横节理发育，节理内可充填残余岩浆和岩浆期后热液物质。

（3）层节理（L节理）

层节理面平行于流面和流线，节理面产状平缓，大致平行于接触面，多发育在岩体的顶部并与接触面平行。层节理可能是由于岩浆在垂直于围岩的接触面上冷却收缩而产生的破裂构造，所以也是张节理性质，常被细晶岩或伟晶岩脉充填。

（4）斜节理（D节理）

斜节理面与流线和流面都斜交，是两组共轴的“X”交叉节理，其锐角等分线平行于流线方向，反映了变形时岩石塑性较大。节理面光滑，常见错动，节理面上有擦痕和镜面发育。节理内常被岩脉和矿脉充填，并切割较早期的横节理和纵节理。因此，斜节理形成时期最晚。斜节理往往发育在侵入体顶部，它们被认为是沿铅直挤压作用所产生的一对共轭剪裂面发展而成的，所以斜节理属剪节理性质。斜节理的进一步发展，可演化为正断层。

（5）边缘张节理

在侵入岩体陡倾的边缘接触带内发育一组向岩体中心倾斜的斜列式的张节理称为边缘张节理。边缘张节理是由于向上流动的岩浆同已经冷凝的岩体边缘之间出现的差异剪切运动所诱发的张应力的作用而形成的。利用塑性黏土层下面的活塞缓缓上升的实验，成功地重现了边缘张节理的形成过程。活塞的上升就相当于岩浆向上流动，因而两侧相对下降形成上下剪切作用，边缘张节理内常有矿脉充填。

（6）边缘逆断层

在深成侵入岩体陡倾斜侧出现的逆断层叫边缘逆断层。边缘逆断层的位移量很小，但是效应较大。边缘逆断层是在岩浆上升过程中，岩体边缘形成的剪切破裂面发育而成的。沿边缘逆断层本身还可能产生次一级的羽状剪节理。此外，在岩体顶部由于侧向拉伸还会形成顶部平缓正断层。

（二）次生节理的分类

次生节理的形成可由构造运动引起，也可由非构造运动的其他因素引起。因此，次生节理按照其形成的动力来源的不同又可分为非构造节理和构造节理（Structure joints）。

1.非构造节理

非构造节理是指在外动力地质作用下形成的节理，又称外生节理。如岩石因温度变化引起体积不均匀的膨胀和收缩而产生的风化节理、冰川运动和冰劈作用形成的节理、洪水引起的滑坡，以及人工爆破等原因引起的节理均属非构造节理。非构造节理一般分布不广，局限于一定岩层或一定深度之内，或局限于某一现象附近，其特点就是发育的范围和深度有限，与各级各类构造无规律性关系，产状和方位极不稳定，以张裂为主。

2.构造节理

构造节理是指由内动力地质作用（主要是构造运动）产生的节理，又名内生节理。构造节理形成和分布也有一定的规律性，分布范围往往很广，其特点是发育的范围和深度较大，与区域构造或局部构造存在一定的关系。它往往与褶皱和断层紧密相伴，成因密切，方位和产状稳定。

构造节理的分类主要依据两个方面：几何分类、成因分类。前者考虑节理与所在岩层或其他构造的几何关系，后者考虑节理形成的力学性质；但两者并非截然无关，几何分类是成因分类的基础，根据节理的形态特征和展布规律，可以推断节理成因。

（1）几何分类

节理是一种小型构造，经常同其他较大型构造（如褶皱、断层）相伴出现，或作为它们的派生构造存在，并与岩层有一定的相关关系。因此，几何分类的主要标志就是节理与其他构造在空间方位上的关系。

①根据节理与所在岩层产状要素的关系，构造节理可分为以下四类：

a.走向节理：节理走向与所在岩层走向大致平行。

b.倾向节理：节理走向与所在岩层倾向大致平行（即与岩层走向大致垂直）。

c.斜向节理：节理走向与所在岩层走向斜交。

d.顺层节理：节理面大致平行于岩层层面。

②根据节理走向与区域构造线或局部构造线的关系，如与区域褶皱的枢纽方向、主要断层走向或其他线性构造延伸方向的关系，构造节理可分为以下三类：

a.纵节理：节理走向与区域构造线走向大致平行。

b.斜节理：节理走向与区域构造线走向斜交，即两者既不平行又不垂直。

c.横节理：节理走向与区域构造线走向大致垂直。

以上分类适合于对发育在褶皱岩层地区的节理进行分类。

（2）力学成因分类

构造节理都是在一定条件下受力的作用而产生的。从应力角度考虑，直接形成节理的应力只有两种，即剪应力和张应力。因此，节理按力学成因分类可分为剪节理和张节理。

①剪节理

剪节理是由剪裂面进一步发展而成的，一般是两组同时出现，相交成“X”形。因为剪节理是成对出现的，故常被称为共轴节理或“X”形剪节理。它们的夹角分别为最大主应力（σ_1）和最小主应力（σ_3）所平分，即分别为最小应变轴（C轴）和最大应变轴（A轴）所平分，且两组剪节理的交线平行于中间主应力（σ_2）方向即中间应变轴（B轴）方向。

a.剪节理与主应力轴的关系

剪节理是由于剪应力作用而形成的节理，其两侧岩块沿节理面有微小剪切位移或有微小剪切位移的趋势，位移的方向与σ_2垂直。剪节理面则与σ_2平行，与σ_1、σ_3呈一定的夹角。根据库仑-莫尔理论，岩石内两组初始剪裂面的交角常以锐角指向最大主应力方向，故共轴剪切破裂角常小于90°（常为60°左右），两剪裂角则小于45°。

b.剪节理的主要特征

剪节理产状较稳定，沿走向和倾向延伸较远，但穿过岩性差别显著不同的岩层时，其产状可能发生改变，反映岩石性质对剪节理方位有一定程度的影响。

剪节理面平直光滑，这是由于剪节理是剪破（切割）岩层而不是拉破（裂割）岩层。

在砾岩、角砾岩或含有结核的岩层中，剪节理同时切过胶结物及砾石或结核。由于沿剪节理面可以有少量的位移，因此常可借助被错开的砾石确定其相对移动方向。

剪节理面上常有剪切滑动时留下的擦痕、摩擦镜面，但由于一般剪节理沿节理面相对移动量不大，因此在野外必须仔细观察。擦痕可以用来判断节理两侧岩石的相对移动方向。

由于剪节理是由共轴剪切面发展而来的，所以常成对出现。典型剪节理常组成X形共轭节理系，X形节理发育良好时，可将岩石切割成菱形、棋盘格状的岩块或这种类型的柱体。不过在某些地区，两组剪节理的发育程度可以不等。

X形共轭节理系两组节理的交角，在一般情况下，锐角等分线与挤压应力方向一致，钝角等分线与引张应力方向一致。

剪节理两壁之间的距离较小，常呈闭合状。后期风化、地下水的溶蚀作用或后期应力作用方式的改变可以扩大剪节理的壁距。

剪节理排列往往具有等距性，即相同级别的剪节理常有大致等距离的发育分布规律。

剪节理一般发育较密，即相邻两节理之间的距离较小，常密集成带。节理间距的大小同岩性与岩层厚度有着密切的关系，硬而厚的岩层中的剪节理间距大于软而薄的岩层。同时，剪节理发育的疏密还与应力作用情况有关。

剪节理常呈现羽列现象，往往一条剪节理经仔细观察就会发现其并非为单一的一条节理，而是由若干条方向相同、首尾相近的小节理呈羽状排列而成。小节理方向与整条节理延长方向之间为小于20°的夹角。

羽列可分为左行羽列和右行羽列两种形式。根据它们首尾邻接部分的两种重叠关系，沿小节理走向，若下方的每个小剪节理依次向左侧错开，则为左行（或称左旋）羽列；反之，若下方的每个小剪节理依次向右侧错开，则为右行（或称右旋）羽列。羽列形式可以指示剪裂面两侧岩块相对移动的方向，如图3-1中箭头所示。实践证明，利用羽列现象判断剪节理两侧岩石相对动向是行之有效的。

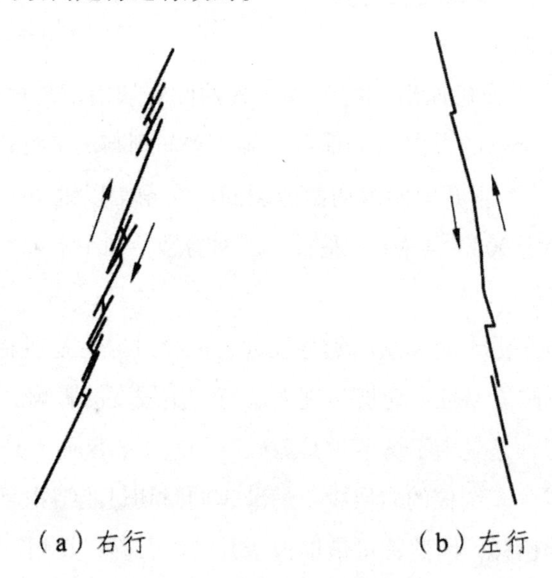

图3–1　剪节理的羽列现象

呈羽列的小节理可以逐步连通起来，并进一步发展成为平移断层。左行羽列的剪节理发展成左行平移断层，右行羽列的剪节理发展成右行平移断层。

此外，在野外还常见到另一种羽列现象，即沿错动面形成剪节理。由NWW-SEE向挤压力作用而形成的一对共轴剪节理均显示羽列现象。走向为330°的一组节理，其羽列小裂面走向为320°，夹角为10°；走向为247°的另一组节理，其羽列小裂面走向为260°，二者夹角为13°。根据切关系，我们可以断定这种羽列小裂面先形成，其共轭剪节理后形成，两组共轴剪节理与其羽列小裂面所成之锐角指向本盘扭动方向。

剪节理的尾端变化有折尾、菱形结、节理叉等三种形式，这三种尾端变化均反映了剪节理不同的组合方式，它们可以出现在同一露头上。

折尾：表现为剪节理的尾端转折，即一条剪节理的尾端突然转折至另外一个方向，延展不远即行消失。转折后的方向一般即为共轭节理系中另一组的延展方向。

菱形结：又称菱形结环，即一条节理的尾端或两条节理的衔接处，刚转折或分叉相连构成菱形结环。菱形结环的两个对边即为共轴剪节理系的两组节理。

节理叉：一条剪节理的尾端发育有许多小节理，它们向两个方向分开，其间保持一定的夹角，这两个方向小节理的方位就是共轭节理系中两组节理的方位。

②张节理

张节理是由于在某一个方向的张应力超过了岩石的抗张强度，因而在垂直于张应力方向上产生脆性破裂面。张应力作用的方向也是伸长应变方向，因此，可以认为张节理的产生与某一方向上的伸长应变量超过了岩石所能承受的限度有关。不论外力的作用方式如何，均可产生张节理，而且其方位必然垂直于最大应变轴（*A*轴），与最大压应力方向一致，平行于应变椭球体的*BC*面。

a.张节理的形成机制和规律

岩石在单剪作用下会形成与剪切方向大致成45°的拉伸，在与拉伸垂直的方向产生张节理；岩石在拉伸作用下会产生与主张应力垂直的张节理；岩石在一个方向上受压时，会形成与受压方向相平行的张节理，以及以受力方向为锐角等分线的一对共轭剪裂面，这个剪裂面规模较小时成节理，若是张大时，会成为纵向逆断层或斜向撕裂断层。

在平行受压的方向出现一系列相互近于平行的张节理，在沿共轴剪切面方向形成两组雁列张节理带。

b.张节理的主要特征

张节理产状不稳定，往往延伸不远即行消失。单个张节理短而弯曲，若干张节理则常常侧列出现。

张节理面粗糙不平，发育在砾岩中的张节理往往绕砾石而过。平面观察张节理，虽可看出总的走向，但却明显呈不规则的弯曲状或规则的锯齿状，后者乃追踪先已形成的两组共貌剪切面而成，故又称锯齿状追踪张节理。

垂直张节理的方向上往往有轻微的裂开，但张节理面上一般无擦痕。

张节理一般发育稀疏，节理间距较大，而且即使局部地段发育较多，也是稀密不均，很少密集成带。

张节理两壁之间的距离较大，呈开口状或楔形，常被岩脉充填。

张节理的尾端变化形式有两种：树枝状分叉及杏仁状结环。树枝状分叉的小节理没有明显的方向性，可与剪节理尾端的节理叉区别开来；杏仁状结环呈椭圆形，棱角不明显，也可与剪节理尾端的菱形结环区别开来。

一般在挤压和拉伸作用方式下形成的张节理彼此平行排列，而在剪切作用下形成的张节理在平面或剖面（如正、逆断层的剪切滑动）上呈雁行排列。

③张节理与剪节理主要鉴别特征

张节理与剪节理主要鉴别特征对比、归纳总结如表3-1所示。

表3–1　张节理与剪节理主要鉴别特征对比

张节理	剪节理
张节理是由张应力作用而产生的破裂面	剪节理是由剪应力作用而产生的破裂面
产状不太稳定，延伸不远，节理面短而弯曲	产状较稳定，沿走向延伸较远，沿倾向延伸较深
节理面粗糙不平，无擦痕	节理面平直光滑，常见滑动擦痕；节理两壁之间常是闭合的
绕过砾石：在砾岩和砂岩中的张节理，常绕过砾石和沙粒，即使切穿砾石，破裂面也凹凸不平	切穿砾石和沙粒：发育在砾岩和砂岩中的剪节理，常切穿砾石和沙粒而不改变方向
节理面两壁多张开，常被矿脉充填，矿脉宽度变化较大，脉壁不平直	共轭X形节理系：常常成对出现，共同组成共轭X形节理系。X形剪节理发育良好时，可将岩石切割成棋盘格状或菱形
张节理有时呈不规则状，有时也可构成一定的几何形态，如追踪X形剪节理而形成的锯齿状张节理、单列或共轭雁列式张节理等	羽列现象：主剪裂面常由许多羽状微裂面组成，微裂面走向相同，首尾相接，与主剪裂面呈一定的交角，这就是所谓的羽列现象。沿节理走向向前观察，若后一微裂面重叠在前一微裂面的左侧，则称之为左行（也叫左旋）；反之为右行（或叫右旋）。利用剪节理的这种羽列现象，可判断破裂面两侧岩块的相对运动方向

④节理的力学性质转化

由于构造变形作用的递进发展和相应转化，节理会发生应力的转向和变化，因而常出现一种节理兼具两种力学性质特征或过渡特征，表现为张剪性。例如，一些早期形成的剪节理在后期构造变形中会被改造和叠加，发生先剪后张的现象。

⑤羽饰

发育在节理面上的羽饰，是构造应力作用下形成的小型构造，宽度一般数至数十厘米。羽饰构造包括羽轴、羽脉、边缘带等几个组成部分，边缘带由一组雁列式微剪截面（边缘节理）和连接其间的横断口（陡坎）组成。

三、节理的分期与配套

节理一般是长期多次构造活动的产物，要从时间、空间和形成力学上研究一个地区节理的形成发育史及分布产出规律，并恢复古应力场，必须首先对节理进行分期与配套研究。

（一）节理的分期

节理的分期是将一定地区不同时期形成的节理加以区分，将同期节理组合在一起，即从时间尺度上对一定地区的所有节理进行分类，划分出先后序次，确定其长幼关系。

野外所见大量节理，往往不是一次形成的，它们可能是不同时期构造运动的产物，也可能是同一时期构造运动不同阶段的构造应力作用的产物。不论何种情况，均应首先区分出不同节理组（或系）的形成先后，然后才能进行其他分析研究。可以说，节理分期是由现象深入本质、由实践升至理论的一个重要中间环节。

根据节理组的交切关系，节理的分期主要依据两个方面：节理组的交切关系；节理与有关各期次地质体的关系。

1.根据节理组的交切关系进行分期

节理组的交切关系包括错开、限制、互切、追踪或改造四个方面。

错开：是指后期形成的节理常切断前期的节理，错断线两侧标志点对应错开。

限制：是指一组节理延伸到另一组节理前突然终止的现象。一组节理被限制在另一组节理之间或其一侧，使得被限制者不能切穿通过，则限制者为先期节理，被限制者为后期节理。

如果节理被岩脉充填，除利用岩脉与岩脉之间的穿插、切断和限制关系判断它们的先后关系外，尚须注意岩脉的边缘有无烘烤现象和冷凝边。前期岩脉被后期岩脉侵入时，往往在其被侵入的边缘产生烘烤现象，而后期岩脉的边部则出现冷凝边。

互切：指两组互相交切或切错的节理是同时形成的，两者成共轭关系。

追踪或改造：是指后期形成的节理有时利用早期节理，沿早期节理追踪或对其进行改造，使一些晚期节理常比早期节理更加明显。

2.根据节理与有关各期次地质体的关系进行分期

在野外进行节理分期时，还可利用岩脉、岩墙间接判定节理形成顺序。岩性、结构不同的岩脉、岩墙的交切关系，常清楚地显示出节理的先后顺序。如一组有岩脉充填的节理被一组无岩脉充填的节理切错，则前者先形成；又如：一组节理被侵入体所截，另一组节理切过该侵入体，可知后者形成时间晚于前者。

在节理的分期中，应注意以下两点：

（1）节理的分期不仅要依据节理相互之间的关系及其本身的特征，还要结合地质背景，结合节理所在的构造进行。

（2）节理的分期主要应在野外进行，在野外观测的基础上及时进行统计分析，有时还需要把统计分析的结果再带到野外进行检验。

（二）节理的配套

节理的配套是将在一定构造期的统一应力场中形成的各组节理组合成一定系列，是从亲缘关系（或成生联系）上对一定空间范围内的所有节理进行组合，显然一个地区至少可以有一个或多个具亲缘关系的节理系。节理的配套工作是各种构造配套的基础，其任务主要是在各个方向的节理组中确定同期形成的、具有共轭关系的成对剪节理。分期与配套的目的是为研究区域构造和恢复古应力场提供依据。

节理的配套主要依据共轭节理的组合关系，并辅以节理发育的总体特征及其与有关地质构造的关系来确定统一应力场中形成的各组节理。

1.根据共轭节理的组合关系

（1）由于同期形成的两组共轴剪节理具有统一的剪切滑动关系，并常留下滑动的痕迹和标志，因此可以利用剪节理面上的擦痕、节理和羽列及派生张节理等所显示的剪切滑动方向来确定其共轴关系。其中，尤以羽列现象最为常见和可靠。图3-2的两对共轭剪节理羽列指示的动向反映σ_1的方位为近南北向（P_1）及近东西向（P_2）。

（2）利用剪节理的尾端变化确定其共轴关系，两组剪节理的折尾与菱形结环所交之锐角等分线，在一般情况下即为σ_1方位。

（3）利用两组剪节理相互切断错开的对应关系确定其共轴关系。

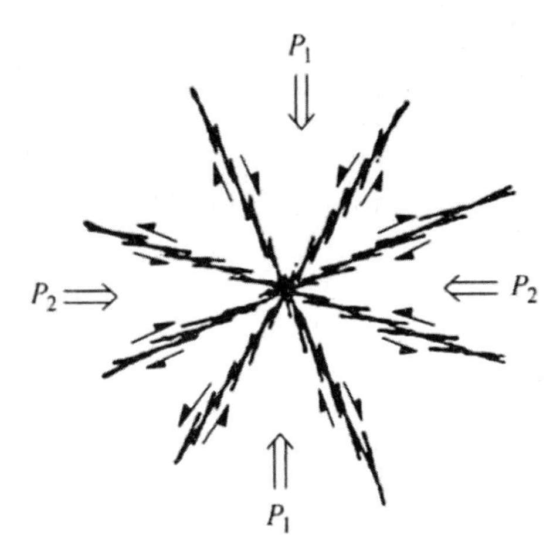

图3-2　利用剪节理羽裂配套示意

2.根据节理发育的总体地质特征

在一个地区或一个地段上进行节理配套研究工作，根据节理的展布范围、间距、延伸距离、穿透性、延伸方向与岩层产状，以及局部构造的变化关系等，至少可以区分出区域性节理和与某地段构造有关的局部性节理。

注：

（1）节理的分期与配套工作必须同时进行。

（2）节理的分期与配套要依据节理相互之间的关系及其本身的特征，且结合地质背景进行。

（3）节理的分期与配套工作主要应在野外进行。

四、不同区域背景上的节理

构造节理往往与褶皱或断层相伴生，或者由它们所派生。无论是伴生还是派生关系，节理与褶皱及断层之间都有着密切的联系。

（一）与褶皱有关的节理

节理常作为褶皱或其他较大型构造的伴生或派生小构造出现，许多节理是在岩层形成褶皱、断层时产生的，同时，受造成褶皱和断层的同一应力场控制。现简单介绍一下褶皱形成过程中的伴生节理。

1.早期节理

在岩层弯曲变形之前，当地层受到水平方向的侧向挤压力作用时，会产生一系列的构造变形。岩层面上会形成两组共轭X形剪节理。变形椭球体的σ_1、σ_3两轴水平，σ_2轴直立，节理面与岩层面垂直，节理的走向与后形成的褶曲轴向斜交，两组节理系的锐交角指向挤压方向，钝角指向褶曲的轴向。

岩层未弯曲前还可以产生挤压力方向平行的早期横张节理，它常是追踪早期平面X形剪节理而形成的。

早期节理是受区域性构造力作用而形成的，具有区域性特征。

2.晚期节理

晚期节理是岩层受水平侧向挤压力作用而弯曲形成褶皱的过程中或褶皱后产生的节理。当岩层弯曲形成褶皱时，在横剖面上也会产生X形剪节理，此节理在剖面上呈交叉状，它与岩层面的交线平行于褶皱枢纽方向，其走向也平行于褶皱枢纽方向，故称剖面X形剪节理或纵剪节理。

当褶皱发展到一定程度时，在褶皱转折端顶部产生平行于褶皱枢纽（垂直于主应力）方向的纵张节理。纵张节理面垂直于岩层层面，呈上宽下窄的楔状。

在褶皱逐渐变形和加剧的过程中，岩层面上会有由水平挤压力派生的局部应力所形成的斜向晚期平面X形剪节理系。由于边界条件的改变，背斜轴部附近产生与褶曲轴线方向垂直的局部张应力，向斜轴部附近形成与轴线方向垂直的挤压应力的叠加，这两种局部应力导致在褶曲轴部附近形成晚期平面X形剪节理系。其中，在背斜轴部附近平面X形剪节理系的锐角平分线与褶曲轴向一致，在向斜轴部附近平面X形剪节理系的锐角平分线则与褶曲轴向垂直。

（二）与断层有关的节理

在断层作用中，由于断层两盘相对错动引起的派生应力作用，断层两侧常常会发育一套节理，这些节理与断层具有一定的几何关系，可为分析研究断层提供一定依据。

1.羽状张节理

这种节理具有一般张节理的特征，两壁张开，且越近断层面，节理开口越大；与断层斜交，其节理面与断层面相交的锐角尖端的指示方向为节理所在盘的相对位移方向。

2.伴生剪节理

同一应力场中，与各应变构造同时产生的剪节理称伴生剪节理。它与同一应力场中同时产出的其他构造是“兄弟关系”。

断层伴生的节理除羽状张节理外，还可能有两组伴生剪节理S_1、S_2（图3-3）。S_2组剪节理方位比较稳定，与断层呈小角度相交，交角根据实验小于24°，一般野外所见小于20°。利用S_2组剪节理判断断层两盘相对动向比较可靠，其方法是以其S_2与断层所交锐角指示本盘运动方向。

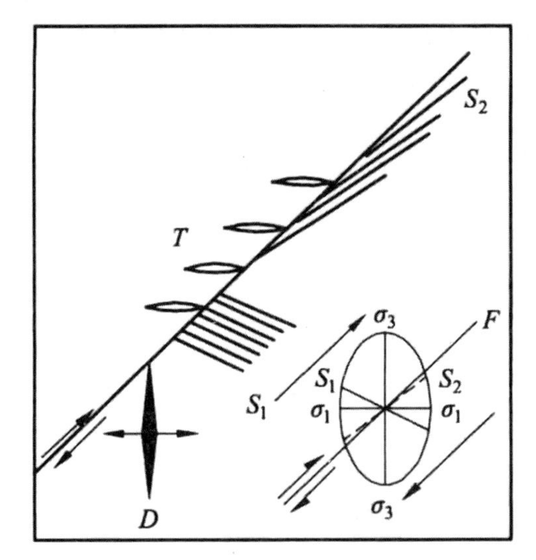

F-主断层；σ_1-伴生应力场主压应力轴；σ_3-伴生应力场主张应力轴；

S_1，S_2-剪节理；*T*-张节理；*D*-小褶皱轴面

图3–3　断层及其伴生节理和小褶皱示意图

另一组剪节理S_1与断层成大角度相交或直交，但其方位很不稳定。一方面，剪节理随岩石塑性的大小而变化；另一方面，剪节理在断层运动过程中还随剪切滑动而旋转。图3-3中的S_1的方位代表经过相当程度旋转后获得的方位，该方位显示其与断层的锐交角指向对盘的动向。但在岩石比较脆或断层的剪切滑动量不大时，伴生剪节理的旋转程度也不大，S_1的方位可能垂直于断层，甚至以其与断层的钝交角指示对盘动向。因此，在利用这一组伴生剪节理判断断层两盘相对动向时要慎重。

3.派生剪节理

在产生应变过程中，一个主应力场派生出另一个从属的应力场，在这个派生出的从属应力场中产生的剪节理称派生剪节理，如断层派生的两组剪节理。派生剪节理形成的时间晚于主应力场在产生应变过程中形成的主构造。主构造与派生构造之间的先后亲缘关系可以用“父子关系”来形容。

断层派生的两组剪节理产状较不稳定，或被断层两盘错动而破坏，不易用来判断断层两盘的相对运动方向。

（三）与区域构造有关的节理

区域构造研究发现，地壳表层广大地区（某些构造单元）存在着规律性展布的区域性节理。区域性节理是区域性构造作用的结果，与局部褶皱和断层没有成因上的联系，在岩层产状近水平的地台盖层中常稳定产出。

区域性节理具有以下特点：发育范围广，产状稳定，节理规模大，间距宽，延伸长，

可切穿不同岩层，常构成一定几何形式等。在岩层产状近水平的地台上，常常见到这类稳定产出的区域性节理。

（四）缝合线构造

缝合线构造是一种与节理相似的小型构造，常见于碳酸盐岩、大理岩中。缝合线一般顺层理产生，也有与层理斜交和直交的。与层理不一致的缝合线一般是在构造作用下先形成裂缝，进而在压溶作用下发育成缝合线。因此，缝合线构造的形成总是经过两个阶段，即先有裂面，进而压溶。在垂直裂面的压溶作用下，易溶组分流失，难溶组分残存聚集，使原来平直的面转化成由无数细小的尖峰、突起，构成缝合面。

五、节理野外观测和室内研究

（一）节理的野外观测

节理在自然界虽然广泛发育，但是学界尚未形成一套系统研究节理的方法。节理研究方法因任务不同而异，但不外乎系统观察、测量统计，然后结合地质构造进行分析。节理研究的目的在于配合褶皱与断层的研究，分析构造应力场，阐明构造的分布和发育规律。节理的研究内容主要包括：单个节理的研究、节理组系的研究、节理发育程度的研究、划分节理的发育区。研究节理必须建立在齐全准确的第一手资料的基础之上，然后将大量的资料经过归纳整理、编成图件，并与褶皱和断层联系起来，通过综合分析，寻找节理的分布规律。

1.观测点的选定

观测点密度或数量的布置视研究任务和地质图的比例尺而定。进行观测的地点，必须置在既能容易测量节理的产状，又能收集到有关的地质资料的地段。因此，一般不应机械地采用均匀布点方法进行节理的观测，而是为了解决某些具体问题，选在特殊的位置上。

2.观测内容

（1）地质背景的观测(构造部位、地层及产状，岩性及成层性，褶皱、断裂的特点)。

（2）节理的分类和组系划分。

（3）节理的分期与配套。

（4）节理发育程度的研究。节理发育程度常用以下参数表示：

①密度或频度（节理法线方向上的单位长度内的节理条数），单位是条/m。

②缝隙度（G），是密度（μ）与节理平均壁距（t）的乘积，即：

$$G=\mu t \tag{3-1}$$

③单位面积内长度（u），表示r半径圆内节理总长度l，即：

$$u = l / \pi r^2 \tag{3-2}$$

（5）节理的延伸。

（6）节理的组合形式观测。

（7）节理面的观察及产状测定（可将一个硬纸片或塑料垫板插入节理缝内，然后用罗盘测量纸片或塑料垫板的产状）。

（8）含矿性和充填物的观察：含矿性、充填与否、充填程度、充填物性质、先后充填顺序。在观察和测量过程中，对有代表性的节理形迹特征和组合关系，应采集标本样品和绘制素描图或照相。

3. 观测记录

根据上述观测内容，在每个节理观测点上均要参照表3-2逐项进行记录，不应分散记录在野外记录簿中，以便整理和编图，注意每一个节理都需进行编号，以免观测混乱，造成重复或遗漏现象。

表3–2　节理记录表

日期

观测点			岩层的层位、岩性、厚度、产状及所在的构造部位	垂直节理组侧线长/m	节理条数	节理产状		节理的频度/（条/m）	节理宽度	节理长度	节理的形态特征及伴生构造特征	充填物矿化标志及交切关系	节理的力学性质	节理分期	节理配套	标本、素描图、照片编号
编号	位置	面积				倾向	倾角									

测量人：　　　　　　　　　　　　　　　　　　　　　　　　　　　　记录人：

（二）节理测量资料的室内整理

在野外通过观察节理所获得的大量原始资料必须进行室内整理，编制相应的节理图件，然后结合地质图等图件进行分析研究，以探讨构造应力场及解决生产实际问题。为了简明、清晰地反映不同性质节理的发育规律，需要将野外所测节理产状要素资料分成不同的组、系，予以整理绘图。图示法能清楚地表示出一个地区节理发育的方向和特点。常用的节理图件主要有节理玫瑰花图、节理极点图及节理等密图等。

1. 节理玫瑰花图

节理玫瑰花图是一种常用的统计图，这种图形似玫瑰花。其特点是编制简便容易，反映节理的产状也比较明了；其缺点是不能反映各种节理的确切产状。故此种方法多用来定性地分析节理。节理玫瑰花图可分为三种：走向玫瑰花图、倾向玫瑰花图和倾角玫瑰花图。现分别介绍其编制方法。

（1）节理走向玫瑰花图

节理走向玫瑰花图是将野外测得的节理走向资料，根据作图要求和地质情况，按其走向方位角的一定间隔分组，通过统计每组的节理数、计算每组节理平均走向而绘制的。如图3-4所示，从图上可一目了然地看出三个方位的节理最为发育，其走向为NE10° ~ 20°、NW40° ~ 50°、NE70° ~ 80°。因此，节理走向玫瑰花图多用于以直立或近于直立产状为主的节理统计整理。

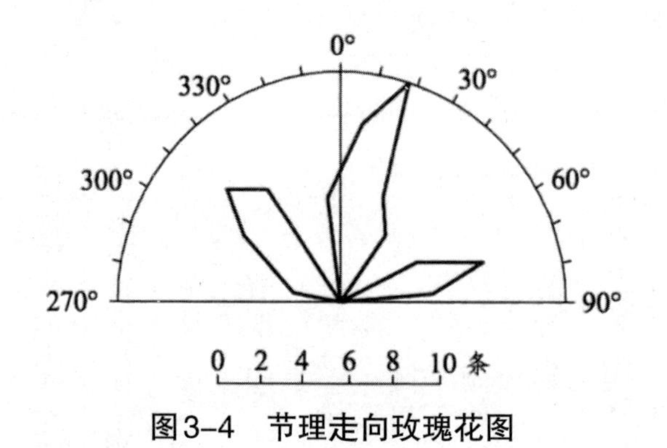

图3–4　节理走向玫瑰花图

①整理资料：将观测点所测定的节理走向换算成NW和NE两个方向，按其走向方位角的一定间隔分组。分组间隔大小依作图要求及地质情况而定，一般采用5 ~或10 ~为间隔分组，如0° ~ 10°、10° ~ 20°……，习惯上把0 ~归入0° ~ 10°组内，把10 ~归入10° ~ 20°组内。然后统计每组的节理条数，计算每组的节理平均走向，把统计好的数据填入节理统计表中，以备作图使用。

②确定作图的比例尺及坐标：根据作图的大小和各组节理的数目，选取一定长度的线段代表一条节理，然后按比例将数目最多的那一组节理的线段长度为半径作圆，过圆心

作南北线及东西线，并在圆周上标明方位角。因节理走向有两个方位角数值，两者相差180°，作节理走向玫瑰花图时，只取半个圆即可。

③找点连线：从0° ~ 10°一组开始，按各组节理平均走向方位角顺序在半圆周上做一个记号，再从圆心向圆周上该点的半径方向，按该节理数目和所定比例找出一点，此点即代表该组节理平均走向和节理数目。在某一组内若无节理，连线时连至圆心，然后再经圆心连出。各组点确定以后，用折线依次连接各点，构成一个封闭形状的好像玫瑰花一样的节理图，即得节理走向玫瑰花图。

（2）节理倾向玫瑰花图

在节理产状变化较大的情况下，共轴剪节理的统计、整理则可用倾向玫瑰花图表示。节理倾向玫瑰花图是按节理倾向资料分组，求出各组节理的平均倾向和节理数目，用圆周方位代表节理的平均倾向，用半径长度代表节理条数制作而成的，方法与节理走向玫瑰花图相同，但用的是整圆。

（3）节理倾角玫瑰花图

节理倾角玫瑰花图是按以上已分的节理倾向方位角的组，求出各组的平均倾角，用半径长度代表倾角大小，然后用节理的平均倾向和平均倾角作图，圆半径长度代表倾角，由圆心至圆周从0° ~ 90°，找点和连线方法与倾向玫瑰花图相同。

倾向、倾角玫瑰花图一般重叠画在一张图上。作图时，在平均倾向线上，可沿半径按比例找出代表节理数和平均倾角的点，将各点连成折线即得，图上用不同颜色或线条加以区别（图3-5）。

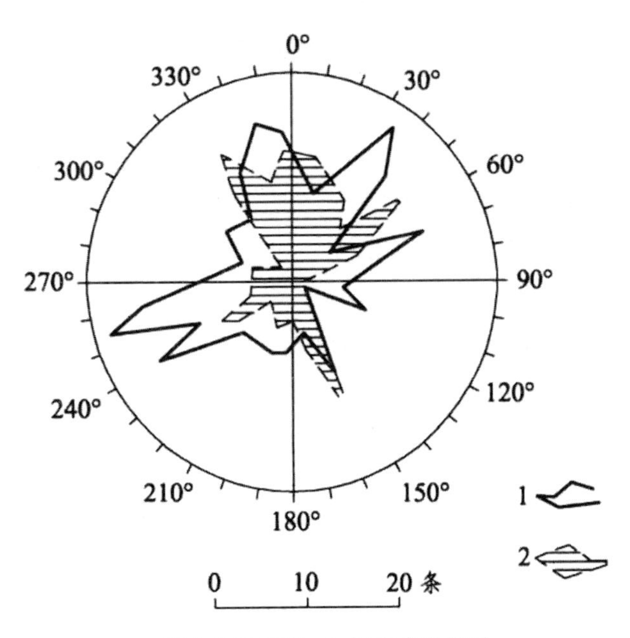

1-倾向玫瑰花图；2-倾角玫瑰花图

图3–5　节理倾向、倾角玫瑰花图

（4）节理玫瑰花图的分析

分析节理玫瑰花图，应与区域地质构造结合起来。因此，常把节理玫瑰花图按测点位置标绘在地质图上，这样就清楚地反映出不同构造部位的节理与构造（如褶皱和断层）的关系。综合分析不同构造部位节理玫瑰花图的特征，就能得出局部应力状况，甚至可以大致确定主应力轴的性质和方向。

走向玫瑰花图多应用于节理产状比较陡峻的情况，而倾向和倾角节理玫瑰花图多用于节理产状变化较大的情况。

2. 节理极点图

节理极点图通常是在施密特网上编制的，是用节理面法线的极点投影绘制的，网的圆周方位表示倾向，由0° ~ 360°，半径方向表示倾角，由圆心到圆周为0° ~ 90°。作图时，把透明纸蒙在网上，描上基圆和中心（原点），标明北方，当确定某一节理倾向后，再转动透明纸至东西向（或南北向）直径上，依其倾角定点，该点就是这条节理的极点，即代表这条节理的产状。为避免投点时转动透明纸，可用与施密特网投影原理相同的极等面积投影网（赖特网），网中放射线表示倾向（0° ~ 360°），同心圆表示倾角（由圆心到圆周为0° ~ 90°）。作图时，用透明纸蒙在该网上，投影出相应的极点。如：一节理产状为NE20° ∠ 70°，则以北为0°，顺时针数20°即倾向，再由圆心到圆周数70°(即倾角）定点，为节理法线的投影，该点就代表这条节理的产状。若产状相同的节理有数条，则在点旁注明条数。把观测点上的节理都分别投成极点，即成为该观测点的节理极点图。

3. 节理等密图

等密图是在极点图的基础上，用密度计统计节理数，通过统计、连线、整饰而成的。若极点图用等面积网制作，则用密度计统计节理极点的密度；若极点图用等角距网制作，则用普洛宁网统计节理极点的密度。为了绘制方便，极点图一般多采用等面积网，用密度计统计其密度。等密图的绘制方法如下：

（1）在透明纸极点图上作方格网(或在透明纸极点图下垫一张方格纸），平行E—W、S—N线，间距等于大圆半径的1/10。

（2）用密度计统计节理数。

①工具。中心密度计是中间有一小圆的四方形胶板，小圆半径是大圆半径的1/10；边缘密度计是两端有两个小圆的长条胶板，小圆半径也是大圆半径的1/10，两个小圆圆心连线，其长度等于大圆直径，中间有一条纵向窄缝，利于转动和来回移动。

②统计。先用中心密度计从左到右、由上到下，顺次统计小圆内的节理数(极点数）。并注在每一方格“+”中心，即小圆中心上；再用边缘密度计统计圆周附近残缺小圆内的节理数。将两端加起来（正好是小圆面积内极点数），记在有“+”中心的那一个残缺小圆内，小圆的圆心不能与“+”中心重合时，可沿窄缝稍作移动和转动。如果两上小圆中心均在圆周，则在圆周的两个圆心上都记上相加的节理数。

③连线。统计后，大圆内每一小方格“+”中心上都注上了节理数目，把数目相同的点连成曲线（方法与连等高线一样），即成节理等值线图。一般是用节理的百分比来表示，即小圆面积内的节理数，与大圆面积内的节理总数换算成百分比。因小圆面积是大圆面积的1%，其节理数也成此比例。如：大圆内的节理数为60条，某一小圆内的节理数为6条，则该小圆内的节理比值相当于10%。

在连等值线时，应注意圆周上的等值线，两端具有对称性。

④整饰。为了图件醒目清晰，在相邻等值线（等密线）间着以颜色或画以线条花纹，写上图名、图例和方位。

节理等密图的优点是表现比较全面，节理的倾向、倾角和数目都能得到反映，尤其是能反映出节理的优势方位；其缺点是作图工作量较大。

（三）节理发育区的划分

节理的发育程度常以频度、节理壁距、面密度、节理率等参数表示，它们可以客观地反映研究区渗透性及其变化。

节理频度或视密度，是指单位长度测线内所有不同方向节理的条数（条/m），即：

$$\mu(\text{频度}) = \frac{h(\text{节理条数})}{l(\text{测线长度})} \tag{3-3}$$

平均节理壁距t，是指单位长度内节理的平均宽度，即：

$$t(\text{平均节理壁距}) = \frac{\sum g(\text{节理的总宽度})}{h(\text{节理条数})} = \frac{g(\text{节理度})}{\mu(\text{频度})} \tag{3-4}$$

式中，g——节理度，指单位长度内节理空隙的累积宽度。

面密度（长度值），是指单位面积内节理的总长度，即：

$$\rho_s(\text{面密度}) = \frac{\sum L(\text{节理总长度})}{F(\text{露头面积})} \tag{3-5}$$

节理率M_s，是指单位面积内节理面积所占的百分比，即：

$$M_s(\text{节理率}) = \frac{F'(\text{节理面积})}{F(\text{露头面积})} \tag{3-6}$$

由式（3-4）可以得出单位面积内的节理面积：

$$F' = t \cdot \sum L \tag{3-7}$$

如将式（3-5）与式（3-7）代入式（3-6）得：

$$M_s = \frac{t \cdot \sum L}{\sum L / \rho_s} \times 100\% = t \cdot \rho_s \times 100\% \tag{3-8}$$

即节理率等于节理的平均宽度乘以面密度。由此可见，节理率越大，说明节理越发育，则岩石的渗透性也越好。

（四）节理构造对工程建设的影响

节理的存在，大大降低了岩石的强度。如果建筑物在平地上，则节理只是降低地基承载力，增加建筑物小量的变形，加大建筑成本，对建筑物安全没有本质的威胁。如果建筑物处于斜坡上，则节理的大量存在且产状面向临空面，将会加剧滑坡、崩塌的形成，对建筑物的安全造成严重的威胁。节理过多发育会影响到水的渗漏和岩体的不稳定，给水库和大坝或大型建筑带来隐患。

第二节　断层

断层在地壳中分布很广泛，但其规模差异很大，大的成百上千千米，小的用显微镜才能观察研究。大型断层不仅控制区域地质的结构和演化，也控制和影响区域成矿作用。活动性断层会直接影响水文工程建筑，甚至引发地震。因此，断层研究具有重要的实际意义。

一、断层几何描述

（一）断层的几何要素

断层是一个破裂面或破碎带，沿此破裂面或破碎带两侧的岩块已发生过明显位移的构造。因此，断层是一种面状构造，为了观察和描述断层的空间形态，首先需要明确断层的几何要素。断层的几何要素是指断层的组成部分及与阐明断层空间位置和运动性质有关的具有几何意义的要素。它包括以下几种：

1.断层面

断层面是一个将岩块或岩石断开成两部分并借以滑动的破裂面，是一种面状构造。因此，它的空间位置可由其走向、倾向和倾角来确定。断层面在局部地段可以是平面，但在较大范围内往往不是一个平直的、产状稳定的面，其走向或倾向均可发生变化，通常是不规则的曲面。

大型断层一般不是一个简单的面，而是由一系列破裂面和次级破裂面组成的带，即断层破碎带或断裂带。断裂带内夹有（或伴生）被搓碎的岩块、岩片及各种断层岩。断层规模越大，则断层带就越宽、越复杂，并常呈现分带性。

断层面与地面的交线叫断层线，它是断层面在地表的出露线。和岩层的地质界线一样，断层线的形态受断层面产状、地面起伏及断层面弯曲度的影响，其影响方式完全和“V”字形法则相同（图3-6）。因此，在大比例尺地质图上，可用“V”字形法间接地测定断层面的产状。

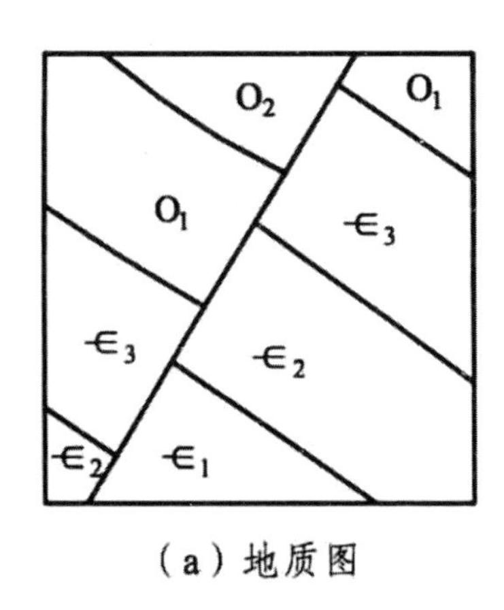

（a）地质图

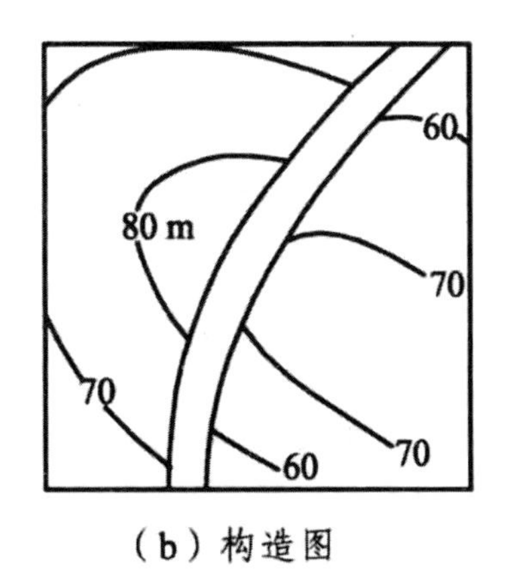

（b）构造图

图3–6　断层线

2. 断盘

断盘是断层面两侧沿断层面发生相对位移的岩块。

若断层面是倾斜的，则位于断层面上侧的岩块为断层的上盘，位于断层面下侧的岩块为断层的下盘。若断层面是直立的，则可按断盘相对于断层线的方位来描述，如北东盘、南西盘、东盘、西盘等，此时，并无上盘、下盘之分，根据断层两盘的相对滑动方向，将相对上升的一盘叫上升盘，相对下降的一盘叫下降盘。

（二）位移

断层两盘岩块的相对运动可分为直线运动和旋转运动。在直线运动中，两断盘做相对的平直滑动而无旋转，两断盘上未错断前的平行直线在运动后仍然平行；在旋转运动中，两盘以断层面的某法线为轴做旋转运动，两断盘上未错断前的平行直线在运动后不再平行。断层常常做这两种运动的综合运动，但多数断层都以直线运动为主。断层规模越大，直线运动所占的比例越大。

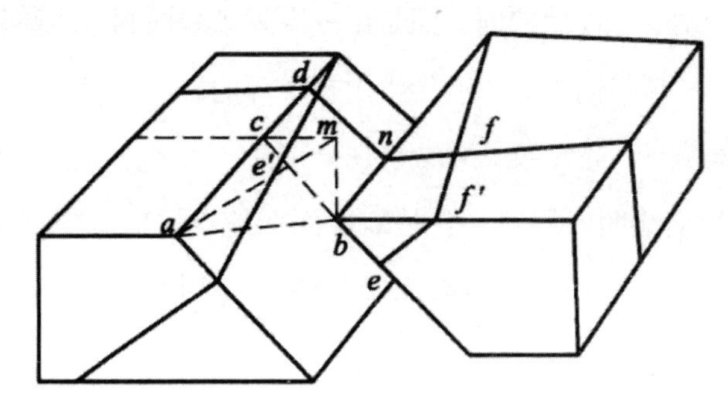

（a）断层位移立体图

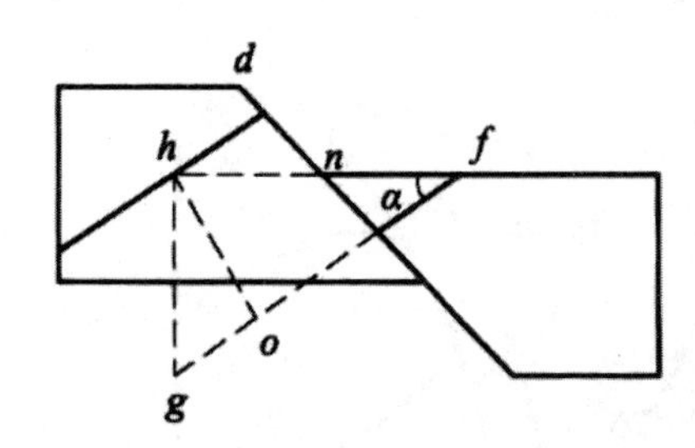

（b）垂直于被错断地层走向的剖面图

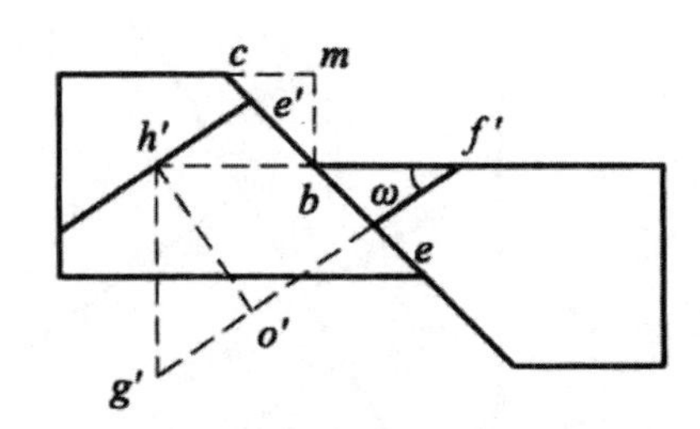

（c）垂直于断层走向的剖面图

ab-总滑距；*ac*-走向滑距；*cb*-倾斜滑距；*am*-水平滑距；*ho*-地层断距；

h'o'-视地层断距；$hg = h'g'$-铅直地层断距；*hf*-水平断距；

h'f'-视水平断距；α-地层倾角；ω-地层视倾角

图3–7　断层滑距和断距

断层位移的测定因受多种因素的影响而出现各种划分方案，如一些较通用术语：

1.滑距

滑距是指断层两盘实际的位移距离。它是指在断层错动前的某一点，错动后分成的两个点（即相当点）之间的实际距离[图3-7（a）中的*ab*]，又称总滑距。

总滑距在断层面走向线上的分量叫走向滑距[图3-7（a）中的*ac*]；总滑距在断层面倾斜线上的分量叫倾斜滑距[图3-7（a）中的*cb*]；总滑距在水平面上的投影长度叫水平滑距[图3-7（a）中的*am*]。

总滑距、走向滑距、倾斜滑距在断层面上构成直角三角形关系。

在实际工作中，很难找到真正的相当点，一般采用寻找相当层来近似测算断层的位移。断层错动前的同一岩层，错动后被分为两个对应层，这种在断层两盘上的对应层叫相当层。

2.断距

断距是指相当层之间的距离。不同方位剖面上的断距值不同。

（1）在垂直于被错断岩层走向的剖面上[图3-7（b）]，可以测得以下三种断距：

地层断距：断层两盘上对应层之间的垂直距离[图3-7（b）中的*ho*]。

铅直地层断距：断层两盘上对应层之间的铅直距离[图3-7（b）中的*hg*]。

水平地层断距：断层两盘上对应层之间的水平距离[图3-7（b）中的*hf*]。

以上三种断距构成一定直角三角形关系，若已知岩层倾角和上述三种断距中的任一种断距，即可求出其他两种断距。

（2）在垂直于断层走向的剖面上[图3-7（c）]，可测得与垂直于岩层走向剖面上相当的各种断距，即*h′o′*（视地层断距）、*h′g′*（视铅直地层断距）、*h′f′*（视水平地层断距）。同一岩层，当岩层走向与断层走向一致时，这三种断距值在两种剖面上均相等，当岩层走向与断层走向不一致时，除铅直地层断距在两个剖面上相等外，其余断距值均不相等。

二、断层分类

断层的分类是一个涉及因素较多的问题，比如，断层与地层产状之间的关系、断层两盘相对运动方向、断层本身产状特征等，目前，广泛使用的是几何分类和成因分类。现仅就常用的几何分类加以介绍。

（一）断层的几何关系分类

1. 根据断层走向与所在岩层走向的关系分类

（1）走向断层：断层走向和岩层走向基本一致。

（2）倾向断层：断层走向和岩层走向基本垂直。

（3）斜向断层：断层走向和岩层走向斜交。

（4）顺层断层：断层面与岩层层面基本一致。

2. 根据断层走向和褶皱轴向（或区域构造线）的关系分类（图3-8）

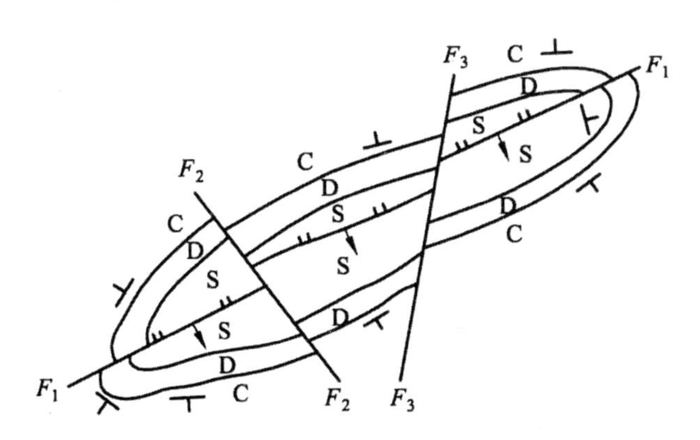

F_1-纵断层；F_2-横断层；F_3-斜断层

图3-8　根据断层走向和褶皱轴向（或区域构造线）的关系分类

（1）纵断层：断层走向和褶皱轴向或区域构造线方向基本一致（图3-8中的F_1）。

（2）横断层：断层走向和褶皱轴向或区域构造线方向近于直交（图3-8中的F_2）。

（3）斜断层：断层走向和褶皱轴向或区域构造线方向斜交（图3-8中的F_3）。

3.根据断层两盘的相对位移关系分类

（1）正断层：上盘相对下降，下盘相对上升的断层。

（2）逆断层：上盘相对上升，下盘相对下降的断层。

（3）平移断层：断层两盘沿断层面走向方向做水平位移。

规模巨大的平移断层叫作走向滑动断层。

许多断层的两盘并不完全顺断层面的走向或倾向滑动，而是斜向滑动的，因此，兼具有正（逆）-平移的双重性质见对这类断层采用复合命名法命名，如：逆-平移断层、正-平移断层、平移-逆断层等。复合名称的后者表示主要运动分量，即复合命名通常是以后者为主、前者为辅的原则来进行命名的。

正断层、逆断层、平移断层的两盘相对运动都是直移运动，但自然界中还有许多断层常常有一定程度的旋转运动。

（4）枢纽断层：断层两盘不是作直线位移，而是具有明显的旋转性，这种断层叫作枢纽断层。枢纽断层显著的特点是在同一断层的不同部位位移量不等。枢纽断层的旋转有两种方式：一是旋转轴位于断层的一端，表现为在横切断层走向的各个剖面上的位移量不等；另一种是旋转轴位于断层的中间，表现为旋转轴两侧的相对位移方向不同，一侧为上盘上升，另一侧则为上盘下降。

（5）顺层断层：顺着层面、不整合面等先存面滑动的断层。当层间滑动达到一定的规模并具有明显的断层特征时，则形成顺层断层。顺层断层一般顺软弱层发育，断层面与原生面基本一致，很少见切层现象。

（二）按断层成因分类

压性断层：地块或岩块受到水平挤压作用时，垂直于压应力（σ_1）方向产生的断层。此类断层发育地区的地壳显示缩短，所以也称收缩断层。它经常显示为断层上盘相对于下盘向上运动，因此该类断层主要为逆断层及逆掩断层。

张性断层：地块或岩块受到水平拉伸作用时，垂直于张应力（σ_3）方向产生的断层。此类断层发育地区地壳显示伸展，或者称为伸展型断层。它经常显示为断层上盘相对下盘做向下运动，或者是单纯的地壳拉开。该类断层主要由正断层组成，并经常为岩墙充填。

剪切断层：地块或岩块受到简单剪切作用时产生的断层，断层面陡，沿断层面两盘发生相对水平位移。

三、断层组合类型

（一）正断层

1. 正断层的一般特点

正断层的产状一般较陡，大多数在45°以上，而以60° ~ 70°最常见。正断层带内岩石破碎相对不太强烈，角砾岩多带棱角，断层带内通常没有强烈挤压形成的复杂小褶皱现象。

2. 正断层的组合形式

正断层可以孤立地出现，但更多的是若干断层组合在一起，以一定的组合形式出现。按照断层在平面和剖面上的排列组合形式：在平面上，断层可组合成平行式、斜列式、环状和放射状等形式；在剖面上，断层可组合成阶梯状、地堑和地垒等形式。现介绍几种主要的组合形式。

（1）阶梯状断层

由若干产状基本一致的正断层组成，各断层的上盘依次向同一方向断落，在剖面上看，为阶梯状的断层组合形态，叫作阶梯状断层。

各断层面可呈板形，也可呈铲形。阶梯状断层在断陷盆地的边缘较发育。呈阶梯状排列的各条断层向下延伸可交于主干断层，也可交于某一水平滑动面，后者可被水平滑动面相切，也可呈多米诺式，规模较小的阶梯状断层向下延伸不深便自形消失。

（2）地堑

地堑主要由两条走向基本一致的相向倾斜的正断层构成，两条断层之间有一个共同的下降盘。

构成大中型地堑边界的正断层往往不只是一条单一的断层，而是由数条产状相似的正断层组成一个同向倾斜的阶梯式断层系列。多数地堑是由正断层组成的，但也有少数地堑是由逆断层组成的。巨型地堑系应属裂谷，它常控制着沉积盆地的发育（如华南地区的一些古近—新近纪红色盆地）。

（3）地垒

地垒则主要由两条走向基本一致、倾斜方向相反的正断层构成，两条正断层之间有一个共同的上升盘。

组成地垒两侧的正断层可以单条产出，也可由数条产状相似的正断层组成，形成两个依次向两侧断落的阶梯状断层带。

（4）环状断层和放射状断层

若干个弧形或半环状断层围绕一个中心成同心状排列，便构成环状断层；若干条断层自一个中心成辐射状向外发散排列，即构成放射状断层。环状断层和放射状断层常见于盐丘造成的穹隆构造周围，也可能出现在火山口、岩浆底辟构造（因岩浆挤入而使上覆岩层局部上升形成穹隆或短轴背斜）等处。

（5）雁列式断层

由若干条近平行的正断层呈斜向错列展布，构成雁列式断层。雁列式断层带的走向与其排列的总体方向呈30° ~ 45°斜交。

（6）块断型断层

两组方向不同的大、中型正断层互相切割，构成方格状和菱形断块。在我国东部地区，这种组合形式比较普遍。

（二）逆断层

逆断层的产状一般较缓，大多数在45°以下。逆断层带内岩石破碎相对较强烈，断层带内常常有强烈挤压形成的复杂小褶皱现象。大多数逆断层的断层面无论沿走向和倾向都常呈舒缓波状，特别是规模较大的逆冲断层和推覆构造表现尤为明显。大多数逆断层的断层线弯曲变化较大。逆断层可以单个出现，也可以在一个地区成群出现，有时由若干条走向近于平行的逆断层构成逆断层带。当其成群出现时，它们在平面上的组合形式以平行状、分叉状及雁行状等最为常见，在剖面上常以叠瓦状、反冲及对冲等形式出现。

根据断层面倾角的大小，逆断层还可分为：

第一，高角度逆断层，是指断层面倾角大于45°的逆断层。

第二，低角度逆断层，是指断层面倾角小于45°（一般为30°）的逆断层。

第三，逆冲断层，是指位移很大的低角度逆断层。

第四，推覆构造，是指断层面十分低缓而推移距离在数千米以上的大型逆冲断层。

逆断层中最常见的是逆冲断层和推覆构造，它们是地壳中最常见的断裂构造，具有重要的理论和实际意义。以下主要讨论逆冲断层和推覆构造。

1.逆冲断层

（1）逆冲断层的一般特点

逆冲断层倾角一般在30°左右，常常显示出强烈的挤压现象，形成角砾岩、碎粒岩和超碎裂岩等断层岩。逆冲断层两侧岩层常常具有强烈的变形特征。

（2）逆冲断层的组合形式

①叠瓦式逆冲断层

叠瓦状构造由若干条产状大致相同的逆冲断层组成。它们各自的上盘向同一方向冲掩，像屋瓦一样错位叠复，常与强烈褶皱相伴生，且断层面倾向与褶皱轴面倾向一致，通常发育于地壳强烈活动区。

当一系列产状大致相近的逆冲断层（断层面倾角较大）叠置在一起，其上盘依次向上逆冲，在剖面上呈叠瓦状时，称叠瓦式逆冲断层。其断层面常表现为上陡下缓、凹向上方的弧形，各条断层向下常汇拢成一条主干断层，总体呈帚状，是逆冲断层最主要、最常见的组合形式，常出现在构造挤压强烈的地区。

②背冲式逆冲断层

背冲式逆冲断层由两条或两组相向倾斜的逆冲断层组成，表现为自一个中心分别向两个相反方向逆冲，一般自背斜核部向外撒开逆冲。与造山带复背斜伴生的两组逆断层，分别在两翼上产出，常常总体呈扇形。

③对冲式逆断层

对冲式逆冲断层由两条相反倾斜、相对逆冲的逆冲断层组成。小型对冲式逆断层常与背斜构造伴生；大型对冲式逆断层产出于坳陷带边缘，自两侧隆起分别向坳陷带内逆冲。

④楔冲式逆断层

老岩层一侧逆冲于新地层之上，另一侧则与新地层呈正断层接触，形成上宽下窄的楔形断片，这种断层称为楔冲式逆断层。它的断层面是勺状弯曲的弧面，深部逆冲；浅部由于断层面倾向反过来了，逆冲楔状体成了下盘，表现与正断层相似。

2.推覆构造

推覆构造通常表现为老地层被推覆到新地层上，形成老地层在上、新地层在下的特征。推覆构造的上盘岩块自远处推移而来，因而叫外来岩块或推覆体；下盘岩块叫原地岩块。推覆构造的上盘岩体，由于受到剥蚀而局部露出的原地岩块，称为构造窗或天窗。构造窗具有大片较老地层中出现一小片由断层圈闭的较年轻地层的特点。如果剥蚀强烈，在大片原地岩块上地势较高的地方仅残留小片孤零零的外来岩块，表现为在原地岩块中残留一小片由断层圈闭的外来岩块，常常是在较年轻的地层中出现一小片由断层圈闭的较老的地层，这种被断层圈闭的地质体称为飞来峰。

无论是构造窗还是飞来峰，它们与周围原地岩块都呈断层接触关系。

3.平移断层

（1）平移断层的一般特征

①平移断层的两盘基本上沿断层走向相对滑动，根据相对滑动的方向可分为左行平移断层和右行平移断层。左行是指观察者的视线垂直于断层走向观察断层时，对盘向左滑动；右行是指观察者的视线垂直于断层走向观察断层时，对盘向右滑动（图3-9）。

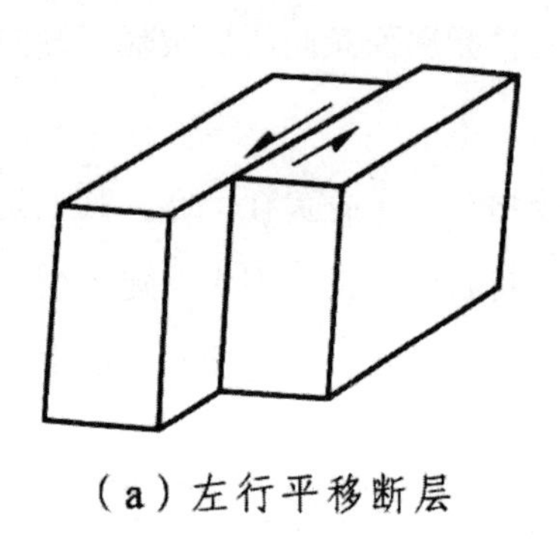

（a）左行平移断层

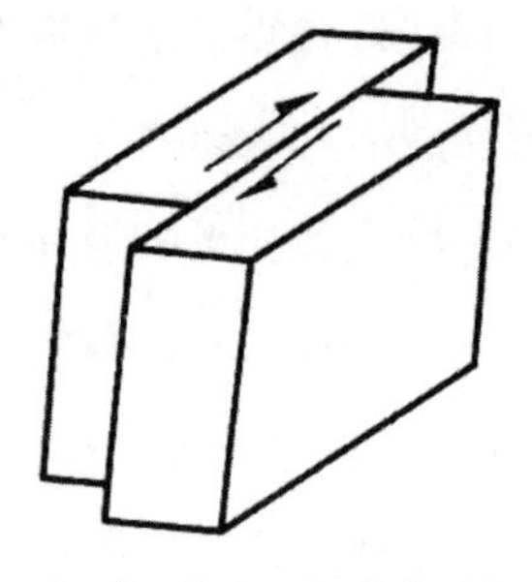

（b）右行平移断层

图3–9　平移断层

②平移断层的断层面一般较陡，有的甚至直立，这也与垂直运动有关，见图3-10。图中，*U*为上升断块，*D*为下降断块。

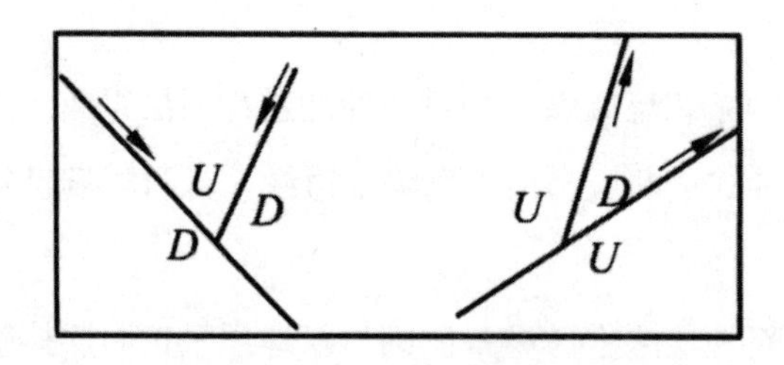

图3–10　平移断层中垂直运动平面示意图

③大型平移断层常常表现为强烈的破碎带、密集剪裂带、角砾岩化带及超碎裂岩带。

（2）平移断层的组合形式

①平移断层在平面上的组合形式有平行状和雁行状。

②平移断层在形成过程中，两盘基本沿断层面走向方向滑动，形成左行和右行平移断层组合。

③平移断层常与褶皱构造组合在一起，在其附近可见派生的雁列式褶皱。

（3）平移断层的分类

按形成的地质背景，平移断层可以分为两类：一类是与褶皱等构造伴生的平移断层，另一类是区域性大型平移断层。

与褶皱或大逆冲断层伴生的平移断层规模一般不大，是在形成褶皱或逆冲断层的统一应力场中形成的，常与褶皱或逆冲断层斜交或横交。

由于大多数平移断层是在侧向挤压力作用下沿早期平面X形共轭剪节理系发展而成的，因此，平移断层常顺着一对共轴剪裂面发育，并斜交构造线；横交构造线的平移断层可能是顺着张裂面发育，并是在差异力推动下形成的，其走向与褶皱轴向或纵断层走向一致的平移断层，是另一次构造运动沿早已形成的纵向断裂构造发育而成的，两者不属于同一次构造运动的产物。

区域性大型平移断层又常被称为走向滑动断层。世界上有许多著名的走向滑动断层，如美国西海岸的圣安德烈斯断层为一条NNW的右行平移断层，仅在大陆上的长度已超过1500 km，累计平移幅度达648 km。

四、断层岩和断层效应

（一）断层岩（fault rocks）

断层岩是断层带中或断层两盘岩石在断层作用中被改造形成的，是具有特征性结构和矿物成分的岩石。因此，它是断层存在的一个重要标志。

1.断层角砾岩

断层在错动过程中，将断层面附近或断层带中的岩石破碎成大小不等的角砾，这些角砾被研磨成细粒或粉末的基质（填隙物）所胶结，成为一种特殊的角砾岩。角砾粒径一般在2 mm以上，角砾和基质成分均保持原岩特点，但角砾外部有时有擦痕和磨光镜面。

断层角砾出现在各类型断层的破碎带中。正断层形成的角砾岩特点是角砾形状不规则，棱角显著，分布杂乱，无定向性排列，角砾之间多空隙。逆断层形成的角砾岩，其角砾多具次圆状，大小不一，一般均呈定向排列，填隙物多为断层泥、砂或显微破碎物，角砾多成透镜状变形且有定向排列或雁列式排列。平移断层的构造角砾岩特点大体与逆断层相同，唯其角砾棱角磨圆度好、大小均匀。

角砾岩的种类很多，如：不整合面上的底砾岩、层间砾岩、河床滞留沉积砾岩、火山角砾岩、同生角砾岩、膏盐角砾岩、岩溶角砾岩等，在野外工作中应注意区分。

断层角砾岩与其他角砾岩区分的主要标志，是看角砾岩与围岩是否有同源关系，是否顺层发育，是否有摩擦搓碎现象，等等。

2.碎裂岩或碎斑岩

碎裂岩是被断层两盘研磨得更细的断层岩。碎裂岩成分是由原岩的岩粉或细粒或原岩的矿物碎粒组成的，在偏光显微镜下，岩石具有压碎结构。碎裂岩中如残留一些较大矿物颗粒，则构成碎斑结构，这种岩石可称为碎斑岩。碎裂岩的颗粒一般在0.1 ~ 2 mm逆断层及平移断层中。

3.碎粉岩

碎粉岩的岩石颗位被研磨得极细，粒度比较均匀，一般在0.1 mm以下，这种岩石也可称为超碎型岩。

4.玻化岩

如果岩石在强烈研磨和错动过程中局部发生熔融，尔后又迅速冷却，会形成外貌似黑色玻璃质的岩石，称玻化岩，或假玄武玻璃。玻化岩往往成细脉分布于其他断层岩中。

5.断层泥

如果岩石在强烈研磨中成为泥状，单个颗粒一般不易分辨，仅含少量较大碎粒，则这种未团结的断层岩可称为断层泥。对比原岩成分与断层泥成分，可发现两者不尽相同，这说明断层泥的细粒化不仅有研磨作用，而且有压溶作用等。

6.糜棱岩及超糜棱岩

在断层带中，相邻岩石及矿物颗粒被压碎、碾磨成微粒和残留碎斑，这些微粒和残留碎斑因其定向排列形成糜棱结构，具有糜棱结构的岩石称为糜棱岩。糜棱岩因碾碎物成分和颜色的深浅不同、碾磨程度的差异，可形成条纹状构造或层状的外貌。

超糜棱岩是在高度压碎作用下经熔融而形成的隐晶质岩石，外表很像致密状玄武岩，是一种特殊类型的糜棱岩。它一般呈数厘米厚的小透镜体或细脉产出于糜棱岩中，常见于逆断层及平移断层中。

7.片理化岩

与糜棱岩相比，片理化岩具有显著的重结晶、变质现象，其内有大量的具片状构造的新生变质矿物。片理化岩实际上是重结晶程度较高的糜棱岩。

（二）断层效应（fault effects）

断层效应指被断地层表现出的位移情况。它是由断层的产状、断层的真位移、地层的产状、不同的剖面位置等因素及其不同的组合情况决定的。同一条断层，当其切过不同产状的地层，或在不同的剖面上进行观察时，可以发现以断层两侧地层的错开关系为依据而测算的位移方向和距离也各不相同，这种现象叫断层效应。例如，图3-11是一个被一条横向平移为主的断层切断的背斜，但在两翼的纵剖面上却分别显示正断层和逆断层的错觉。下面从几个不同的方面，对这个问题加以讨论。

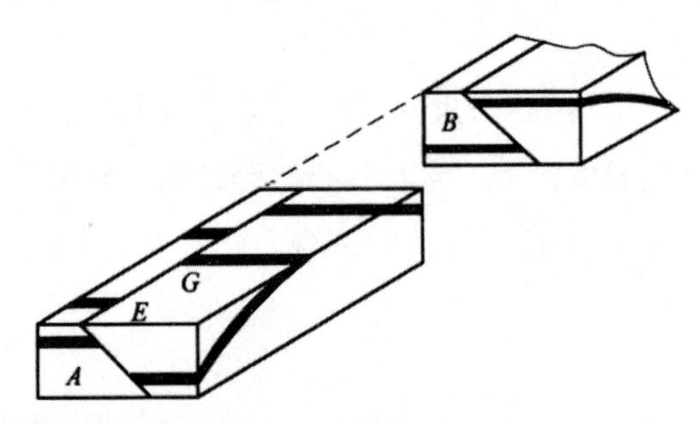

图3–11　切过背斜的横向平移断层在褶皱两翼剖面上分别显示正断层和逆断层的假象

1.正（逆）断层引起的效应

倾向断层的两盘沿断层倾斜方向滑动时，经地表侵蚀夷平后在水平面上两盘岩层表现为水平错移，给人以平移断层的假象。如图3-12所示，倾向正断层引起平移断层假象，在水平面上显示上升盘的岩层界线向岩层倾斜方向错动，具有总滑距越大、岩层倾角越小时，水平地层断距越大的规律。

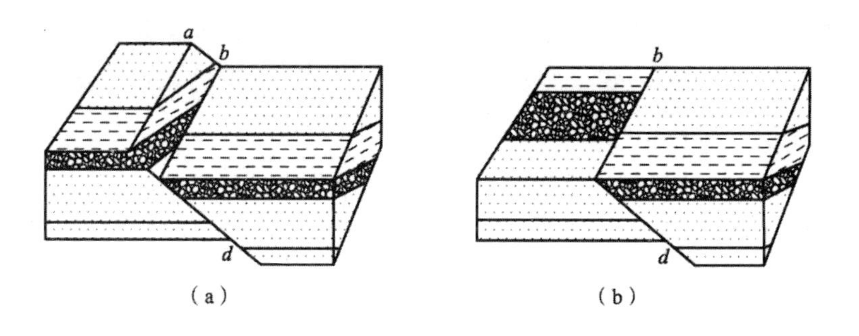

图3–12　倾向正断层（a）在水平面上引起的平移断层的假象（b）

2. 平移断层引起的效应

倾向断层的两盘顺断层面走向滑动时，剖面上会表现为正（逆）断层。如图3-13所示，向岩层倾向平移错动的一盘在剖面上表现为上升盘，铅直地层断距随总滑距和岩层倾角的增大而增大。

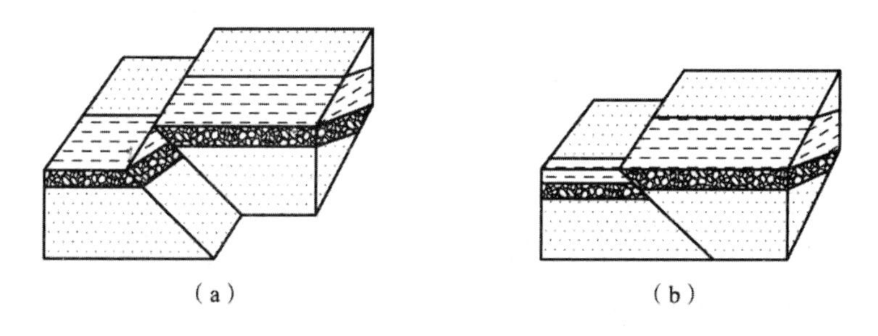

图3–13　倾向平移断层（a）在剖面上引起的逆断层的假象（b）

在野外观察断层时，对于倾向正（逆）断层和倾向平移断层，应综合岩层水平面和剖面的错移情况来进行正确判断。

3. 平移-正（逆）断层和正（逆）-平移断层引起的效应

当倾向断层的上盘沿断层面斜向下滑时，会出现三种效应：

（1）如果潜移线位于岩层在断层面上交迹线的上侧，则在剖面上表现为逆断层，在平面上表现为平移断层；

（2）当滑移线与岩层在断层面上的交迹线平行时，不论总滑距大小，在平面或剖面上岩层好像没有错移；

（3）当滑移线位于岩层在断层面上交迹线的下侧时，在剖面上表现为正断层，而在平面上则表现为平移断层。

4. 横断层错断褶皱引起的效应

褶皱被横断层切断后，在平面上有两种表现：一是断层两盘中褶皱核部宽度的变化，一是褶皱轴迹的错移。

如果横断层完全沿断层走向滑动，则核部在两盘的宽度相等，但核部错开。如果横断层错断的褶皱为背斜，两盘沿断层倾斜方向滑动，则上升盘核部变宽；如果横断层错断的褶皱为向斜，则上升盘核部变窄。如果横断层沿断层面斜向滑动，则不仅褶皱核部宽度发生变化，而且两盘也会被错开。

断层是否具有平移性质，主要依据褶皱轴迹在平面上的错移情况来判断：被横向正断层切断的直立褶皱，两盘中的迹线仍连成一线，无平移滑动；反之，有平移分量。如果褶皱是斜歪的或倒转的，倾斜的轴面被横断层切断，若沿断层面倾斜滑动，被夷平后两盘在平面上表现出轴迹错移，轴迹在两盘被错开的距离随倾角增大而减小；如果轴面倾斜的褶皱被横断层切断并夷平后，在平面上两盘轴迹仍在一直线上，则表明断层两盘沿着轴面在断层面上的迹线滑动既有顺断层面走向滑动的分量，又有顺断层面倾斜滑动的分量。

总之，断层两盘位移分量的大小和方向、两盘倾斜滑动分量的大小、褶皱轴面倾角这三个变量及其相互关系，决定了褶皱轴迹是否错移及错移的方向和距离。因此，在分析断层时，应从断层面产状、两盘位移大小和方向、岩层和褶皱的产状及其相互关系等，结合有关构造、地形切割情况进行整体分析。

五、断层形成机制

（一）均匀介质中断层形成机制——安德森模式与哈弗奈模式

当岩石受力超过其强度，即应力差超过其破裂强度时岩石便开始发生破裂。岩石破裂之初，首先出现微裂隙，微裂隙逐渐发展，相互串联贯通，形成一条明显的破裂面，即断层两盘借以相对滑动的破裂面。

断层形成之初发生的微裂隙一般呈羽状散布排列。对微裂隙的性质，近年来，用扫描电子显微镜的观察，发现大多数微裂隙是张性的。

当断裂面一旦形成而且应力差超过摩擦阻力时，两盘就开始相对滑动，便形成断层。随着应力释放，应力差（σ_1–σ_3）逐渐减小，当其趋向于零或小于滑动摩擦阻力时一次断层作用即告终止。

1.安德森模式

安德森（E.M.Anderson）根据断层均具有两盘相对滑动（剪切）的特征，分析了形成断层的应力状态，认为形成断层的三轴应力状态中的一个主应力轴趋于垂直水平面。他以此为依据提出了形成正断层、逆冲断层和平移断层的三种标准应力状态（图3-14）。

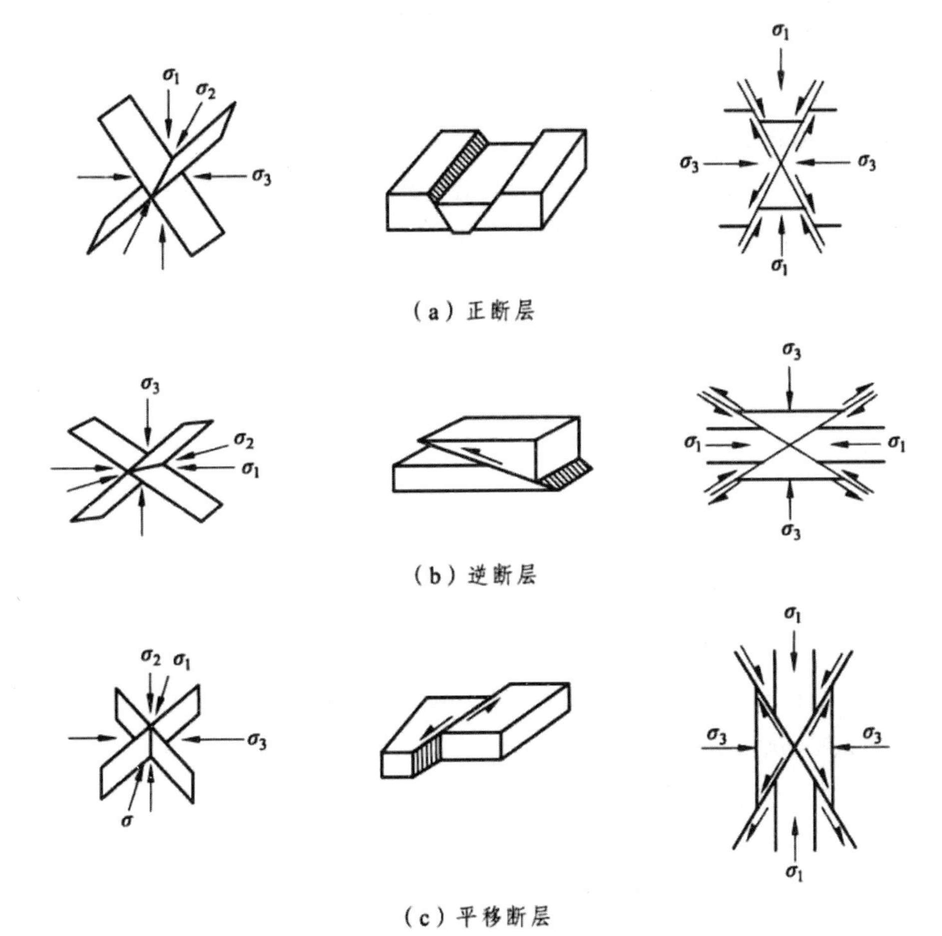

图3–14　形成断层的三种应力状态

安德森模式基本上可以作为分析解释地表或近地表脆性断裂的理论依据。现在一般认为，断层面是一个剪裂面，σ_1与两剪裂面的锐角平分线一致，σ_3与两剪裂面的钝角平分线一致。σ_1所在盘向锐角角顶方向滑动，就是说断层两盘沿垂直于σ_1方向滑动。

形成正断层的应力状态：σ_1直立；σ_2和σ_3水平；σ_2与断层走向一致，上盘顺断层倾斜向下滑动。根据形成正断层的应力状态和莫尔圆，引起正断层作用的有利条件是：最大主应力（σ_1）在铅直方向上逐渐增大；或者是最小主应力（σ_3）在水平方向上减小[图3-14（a）]。因此，水平拉伸和铅直上隆是最适于发生正断层作用的应力状态。

形成逆冲断层的应力状态：最大主应力轴（σ_1）和中间主应力轴（σ_2）是水平的；最小主应力轴（σ_3）是直立的；σ_2平行于断层面走向。根据逆冲断层的应力状态和莫尔圆，适于逆冲断层形成作用的可能情况是：σ_1在水平方向逐渐增大，或者是最小主应力（σ_3）逐渐减少[图3-14（b）]。因此，水平挤压有利于逆冲断层的发育。

形成平移断层的应力状态：最大主应力轴（σ_1）和最小主应力轴（σ_3）是水平的，中间主应力轴（σ_2）是直立的；断层面走向垂直于σ_2，滑动方向也垂直于σ_2，两盘顺断层走向滑动［图3-14（c）］。

2.哈弗奈模式

哈弗奈（W.Hafner）分析了地球内部可能存在的各种边界条件所引起的应力系统，他假定一个标准应力场并附加以类似实际地质构造状况的边界条件，从而推算出各种边界应力场下势断层（潜在发生的断层或可能形成的断层）的可能产状和性质。

哈弗奈提出的标准场的边界条件是：

①岩块表面为地表，没有剪应力作用，仅受一个大气压的压力。

②岩块底部，应力指向上方，等于上覆岩块的重量。

③边界上没有剪应力作用。

任何处在标准场下的岩石，如受水平挤压，最简单的情况就是两侧均匀受压。在这种受力情况下，可能出现两组共轭的逆冲断层，它们的产状不论在水平面上或在地下深部，均无变化。但是，两侧均匀受压并不是地质环境中最常见的情况，最常见的应是不均匀的侧向挤压。因此，哈弗奈提出了三种附加应力状态。

他提出的三种附加应力状态均假设中间主应力轴呈水平状态，其共轭剪裂角约60°，以最大主应力轴等分之。

第一种附加应力状态：水平挤压力不仅自上而下逐渐增大，而且在同水平面上，两端挤压力不等。由于最大主应力轴的倾角各点不一，并且有向右增大趋势，所以倾向稳定区的一组逆冲断层的倾角自地表向下逐渐增大，但断层性质不变。

第二种附加应力状态：水平挤压力在水平方向上自左至右呈指数递减，因而稳定区远远大于势断层分布区，后者局限于左端一狭窄地段。稳定区的一组断层为陡倾斜逆断层，其倾角自地表向下显著增大；另一组断层的倾角平缓，但倾向有变化，近地表为倾向左端的低角度逆冲断层，向下逐渐转变为稳定区的缓倾斜正断层。

第三种附加应力状态：附加应力包括两种，一为作用在岩块底面上呈正弦曲线形状的垂向力，一为沿岩块底面作用的水平剪切力。这种应力状态下形成的势断层产状比较复杂。在中央稳定区的上部形成的两组高角度的正断层，每组断层的倾角都向深部变陡。自中央稳定区趋向边缘，断层倾角变缓，一组变成低角度正断层，另一组变成逆冲断层。

哈弗奈模式的特点是：三种附加应力状态（场）均为非均匀的，即应力方向在应力场不同部位是变化的；应力大小在应力场不同部位也是变化的。

（二）非均匀介质中断层形成机制

安德森模式和哈弗奈模式对均匀介质中断层形成机制给出了合理解释。但是，实际上地质体往往是非均质的，其中包含着先存的力学上的弱面（层面、老断层面、不整合面等），而这些弱面的取向与上述二模式给出的断面方位并无固定关系。因此，沿弱面发展而成的断层，其方位与σ_1的夹角可大可小，断层面也不一定平行于σ_2，断层两盘的运动方向也不一定与σ_2垂直。只要某个方向有弱面，其上的剪应力达到了该弱面的抗剪强度，断层就可顺其发生。如图3-15所示，岩块中有一弱面与σ_1夹角为70°，该面的剪切破裂包络线为*CD*；岩块其余部分的破裂包络线为*AB*。进行实验时，σ_3固定，把σ_1依次加大，构成应力圆Ⅰ、Ⅱ、Ⅲ。各个圆上的*P*点都是该弱面的应力坐标。由图可见圆Ⅰ、圆Ⅱ该弱面都不发生剪裂；圆Ⅲ的*P*点与*CD*相遇，该弱面发生剪裂，尽管它与σ_1夹角达70°，圆Ⅲ上的*R*及*Q*分别代表与σ_1夹角为30°和45°的面的应力。这些面都是稳定的，因为它们不在弱面上，它们的剪裂包络线为*AB*线，这时它们还远在*AB*线之下。老断层、层面、不整合面等皆为岩块中的弱面。在新的构造应力作用下这些弱面并不一定处在最大剪裂面的位置上，然而它们仍容易活动，就是这个缘故。

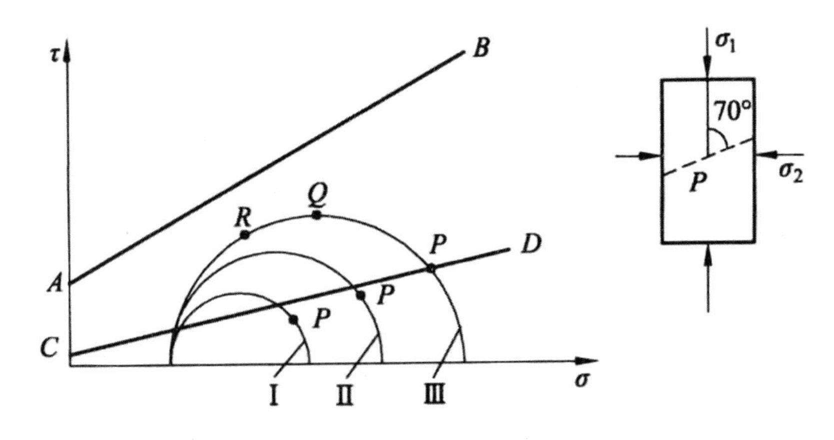

P-软弱面；*AB*-剪切破坏的莫尔包络线；*CD*-软弱面破裂包络线

图3–15　在各向异性岩石中的断层作用

六、断层野外观察研究

（一）断层的野外露头识别

在野外，断层活动的特征会在产出地段的有关地层、构造、岩石及地貌等方面反映出来，即所谓的断层识别标志。识别断层有的是直接标志，如：地质界线或构造线被错开，地层的重复与缺失，断层面和断层破碎带等；有的是间接标志，如：地貌水文标志等。

1.断层识别的地貌标志

（1）断层崖

在差异升降运动中，由于正断层两盘的相对滑动，上升盘的断层面常常在地貌上形成陡立的峭壁，称为断层崖。

（2）断层三角面

断层崖受到与崖面垂直方向的水流侵蚀、切割，被改造成沿断层走向分布的一系列三角形陡崖，即为断层三角面。

（3）山岭和平原的突变

有的山脉在延长方向上突然中断，为山前平原所代替，形成山岭和平原的突变，这叫切断山脊。山岭和平原的分界线反映有断层存在的可能。

（4）错断山脊

有些山脉在延展方向上如遇有横向或斜向断层存在，则组成山脉的各山脊便发生相互错开，叫错断山脊。错断山脊往往是断层两盘相对位移所致，横切山岭走向的平原与山岭的接触带往往是一条较大的断层。

（5）串珠状的湖泊和洼地

由断层活动引起的断陷常形成串珠状的湖泊和洼地，如：中国四川的邛海、青海的青海湖、内蒙古的呼伦池，云南分布着阳宗海、滇池、抚仙湖、星云湖、杞麓湖及异龙湖等一系列断陷湖泊盆地呈南北向串珠状展布，东非大裂谷断裂带中的湖群，等等。

（6）泉水的带状分布

泉水的带状分布也为断层存在的标志，沿现代活动断层还会分布一系列温泉。如：西藏的羊八井一带，泉、上升泉、温泉顺北东走向一字排列；念青唐古拉南麓从黑河到当雄一带散布着一串高温温泉，是现代活动断层直接控制的结果。

（7）水系特点

断层的存在往往影响水系的发育，河流遇断层有可能急剧转向。

2.断层识别的构造标志

断层活动总是形成和留下许多构造现象，这些现象是判别断层可能存在的重要标志。构造标志有许多，下面选择几种常见的分别介绍其特征。

（1）构造线的不连续

断层可以造成构造线的不连续，主要表现为早期形成的断层被后期断层所切割。这种现象既可表现在平面上或剖面上，也可以在平面和剖面上同时表现出来。

（2）构造强化现象

断层活动引起的构造强化现象是断层存在的重要依据，其中包括岩层产状的急变、节理化和劈理化带的突然出现、小褶皱急剧增加以及岩石挤压破碎、各种擦痕等，构造透镜体也是断层作用引起的构造强化的一种表现。

（3）断层两侧的复杂小褶皱

构造作用力的强烈作用，致使在断层附近发育有许多小褶皱。这些小褶皱通常是紧闭的，在成因上与断层作用密切相关，并在几何上与断层有一定关系。

3.断层识别的地层标志

一套顺序排列的地层，由于走向断层的影响常常造成两盘地层的缺失和重复。缺失是指地层序列中的一层或数层在地面上断失的现象，重复是原来顺序排列的地层部分或全部重复出现。由于断层的性质不同，断层与岩层的倾向、倾角不同，可以造成6种重复和缺失情况（表3-3、图3-16）。

表3–3　走向断层造成的地层重复和缺失

断层性质	断层倾斜与地层倾斜的倾向关系		
	二者倾向相反	二者倾向相同	
		断层倾角大于岩层倾角	断层倾角小于岩层倾角
正断层	重复［图3-16（a）］	缺失［图3-16（b）］	重复［图3-16（c）］
逆断层	缺失［图3-16（d）］	重复［图3-16（e）］	缺失［图3-16（f）］
断层两盘相对动向	下降盘出现新地层	下降盘出现新地层	上升盘出现新地层

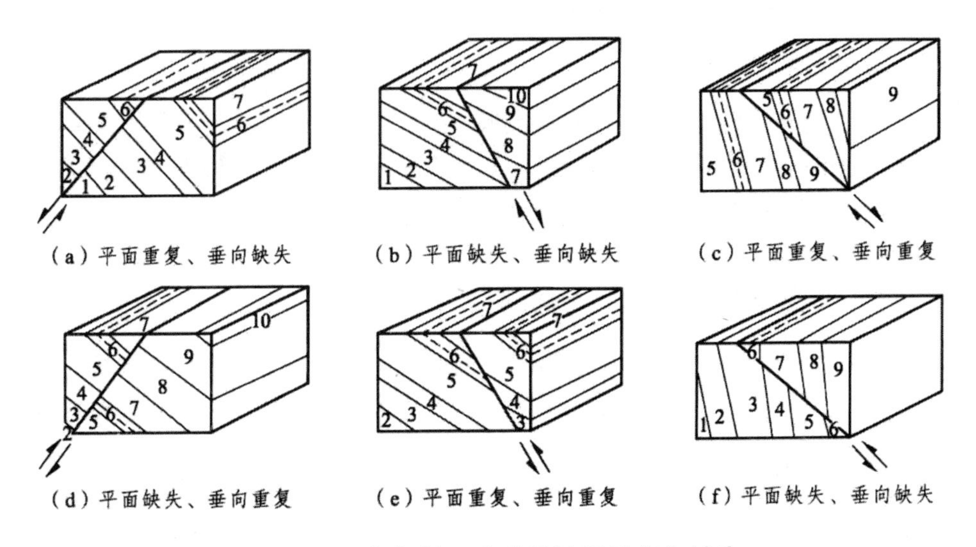

图3–16　走向断层造成的地层重复与缺失

4.断层识别的岩浆活动和矿化作用的标志

大断层尤其是切割很深的大断裂常常是岩浆和热液运移的通道和储聚场所。如果岩体、矿化带、热液蚀变带等沿一条线断续分布，则常常指示有大断层或断裂带的存在。

5.断层识别的岩相和厚度的标志

如果一个地区的沉积岩相和厚度沿一条线发生急剧变化，则可能是断层活动的结果。断层引起岩相和厚度的变化有两种情况：一种是控制沉积盆地和沉积作用的同沉积断层的活动；另一种是断层的远距离推移，使相差很大的岩相带直接接触。

（二）断层面产状的测定

断层面产状是决定断层性质的重要因素，在观察和研究断层时，应尽可能测量其产状。出露于地表的断层可以直接用罗盘测量其产状；断层面比较平直、地形切割强烈且断层线出露良好的断层，可以根据断层线的“V”字形来判定断层面产状；没有露出的断层只能用间接的方法测定其产状；隐伏断层的产状，主要根据钻孔资料，用三点法求出。

断层伴生和派生的小构造也有助于判定断层的产状。如：断层伴生的节理带和劈理带，一般与断层面一致；而断层派生的同斜紧闭褶皱带、片理化断层岩的面理以及定向排列的构造透镜体带等，常与断层面成小角度相交。这些小构造变形越强烈、越压紧，说明它与断层面越接近。但这些小构造的产状容易发生变化，应经过大量测量并进行统计分析，以确定其代表性的产状加以利用。

在确定断层面产状时，要充分考虑到断层产状沿走向和倾向可能发生的变化。如逆冲断层的断层面，由于岩石可能沿两组交叉剪切面发生破裂，在断层发育过程中经进一步的挤压和摩擦而形成波状弯曲；又如大断层是由分散的先期出现的初始小断裂逐渐联合而形成的，因联合方式不同而常成波状或台阶式起伏。

在测定断层面产状时，不同深度的物理条件对断裂的影响以及多期变形等，会使断层产状发生变化。区域性逆冲断层以及一些正断层，常表现为上陡下缓的犁式；切割很深的大断裂，其产状总是具有一定的变化，如隆起边缘的大断层，地表常为低角度逆冲断层，向深处倾角可逐渐变大，甚至直立。因此，不要简单地把局部产状作为一条较大断裂的总的产状，也不能认为某类断层一定具有某种固定形态。

（三）断层两盘相对运动方向的确定

断层运动是复杂的，一定规模的断层常常经历了多次脉冲式滑动。一条断层的活动性质或一定阶段的活动性质又常具有相对稳定性，这种运动总会在断层面上或其两盘留下一定的痕迹（如擦痕等），具体可以根据下面一些特征来判断断层的两盘相对运动方向。

1.两盘地层的新老关系

两盘地层的新老关系是判断断层相对错移的重要依据。对于走向断层，老地层出露盘常为上升盘；但如果地层倒转，或断层面倾角小于岩层倾角，则老地层出露盘是下降盘。如果横断层切割褶皱，对背斜来说上升盘核部变宽，下降盘核部变窄；对于向斜，情况则刚好相反。

2.牵引构造

断层两盘紧邻断层的岩层常常发生明显的弧形弯曲，这种弯曲叫作牵引构造。岩层弧形弯曲的突出方向指示本盘的运动方向。

在水平岩层或缓倾斜岩层中的正断层下降盘，还可发育一种逆（或反）牵引构造，多以背斜形式出现，岩层弧形弯曲突出方向指示对盘的运动方向。逆（或反）牵引构造是由于正断层面是一个上凹的曲面，断层上盘沿断层面下滑时，因向下断面倾角变小而在上部出现裂口，为弥合这个空间，上盘下降的拖力使岩层弯曲，从而形成逆（或反）牵引构造。这种逆（或反）牵引构造多发生在脆性岩层中，常会使岩层破裂而形成反向断层，其弯曲的方向与正牵引构造刚好相反。

3.擦痕和阶步

擦痕和阶步是断层两盘相对错动时在断层面上留下的痕迹。

擦痕表现为一组比较均匀的平行细纹；阶步则表现为一组与擦痕大致垂直的阶块。在硬而脆的岩石中，擦痕面常被磨光，有时附有铁质、硅质等薄膜，以至于形成光滑如镜的面，称为摩擦镜面。

阶步也是断层两盘相对错动时在断层面上留下的痕迹。阶步的陡坎一般面向对盘的运动方向，但有时阶步的陡坎指示本盘运动方向，称为反阶步。

擦痕和阶步能指示断盘运动方向。擦痕有时表现为一端粗而深、一端细而浅的“丁”字形，其细而浅端一般指示对盘运动方向。

4.羽状节理

在断层两盘相对运动过程中，断层一盘或两盘的岩石中常常产生羽状排列的张节理和剪节理。这些派生的节理与主断层斜交。

羽状张节理与主断层常成45°相交，其锐角指示节理所在盘的运动方向。

羽状剪节理有两种，一种与主断层成大角度相交，另一种成小角度相交，后者锐角指示本盘运动方向。

5.断层两侧小褶皱

由于断层两盘的相对错动，断层两侧岩层有时形成复杂的紧闭小褶皱。这些小褶皱轴面与主断层常成小角度相交，其所交的锐角指示对盘运动方向。

6.断层角砾岩

如果断层切断某一标志性岩层或矿层，根据该层角砾岩在断层带内的分布可以推断两盘相对位移方向。

（四）断层的井下识别

1.根据井下地层的缺失和重复识别

在钻井过程中，一般来说，如果发现有地层缺失，预示井下钻遇了正断层；如发现有地层重复，则可能钻遇了逆断层。图3-17所示为一条勘探线的剖面，其地层及构造情况由钻孔A、B、C控制而显示，地层层序正常而连续，由老至新分别为1～8层。其中，B井钻遇了8至1层的所有地层，显示了完整的地层层序，这是一个正常剖面；邻近与之相对比的A号井钻遇的地层由新到老分别是8、7、5、4、3、2、1，缺失地层6层，根据这种短距离内地层的缺失，可以判断A井钻遇了正断层（F_1）；C井与正常剖面对比钻遇的地层由新到老分别是5、4、3、2、5、4、3，重复出现地层5、4、3层，可以判断C井钻遇了逆断层（F_2）。

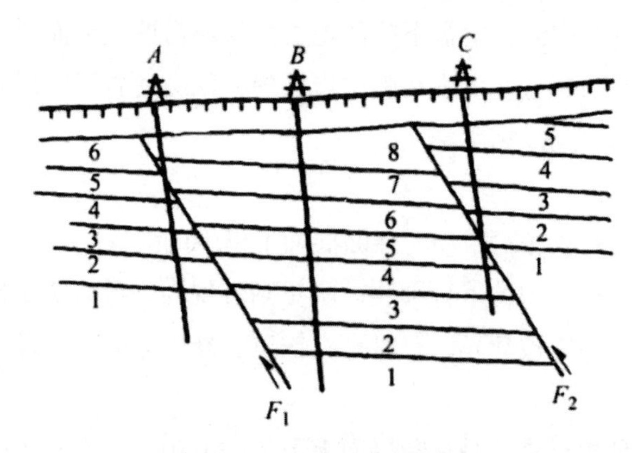

图3–17　勘探线的剖面

引起井下地层的重复和缺失除逆断层和正断层外，还会有其他构造因素影响，以下一并讨论。

（1）钻遇地层重复

①逆断层造成的地层重复

A、B、C、D、E、F井是同一剖面的相邻井，钻遇地层的结果均表现有重复现象（表3-4）。A、B井均重复7 ~ 6地层；B、C井均重复6 ~ 5地层；C、D井均重复6 ~ 4地层；D、E、F井均重复5 ~ 4地层。钻遇重复地层的层位逐渐变老，钻遇重复地层的井深逐渐变深，这样的地层重复递变规律表明是逆断层造成的结果。

表3–4　某剖面钻孔钻遇逆断层的规律变化

A井	B井	C井	D井	E井	F井
8	8	7	7	6	6
7	7	6	6	5	5
6	6	5	5	4	4
8	5	4	4	3	3
7	7	6	3	2	2
6	6	5	6	5	1
5	5	4	5	4	5
4	4	3	4	3	4

②倒转背斜引起地层重复

钻遇倒转背斜时，也会引起井下地层重复，但是这种重复规律与逆断层有所不同，它表现为一种对称性重复。

（2）钻遇地层缺失

①正断层造成的地层缺失

若钻遇地层缺失，缺失层位逐渐变新，钻遇缺失地层的井深逐渐变浅，这样的地层缺失递变规律表明是正断层造成的结果。

②不整合引起的地层缺失

表3-5中，各井都存在7 ~ 6层，除*A*井钻遇地层完整外，其余各井在6层下均缺地层5层或更老的地层4层，这是剥蚀作用强烈所致。6层分别覆盖在4或3层位上，这样的钻遇现象表明有不整合的存在。

表3–5　某剖面钻孔钻遇不整合的规律变化

*A*井	*B*井	*C*井	*D*井	*E*井	*F*井
7	7	7	7	7	7
6	6	6	6	6	6
5	4	3	3	4	3
4	3	2	2	3	2
3	2	1	1	2	1

2.根据标准层标高的变化确定断层

若相邻的井中地层层序正常，但相邻两井中标准层的标高相差极为悬殊，可能预示在两口井之间存在着未钻遇的断层。

这种分析方法在钻井资料较多的情况下应用比较可靠。

3.近距离内同层厚度突变

相邻两井钻遇同一地层时，对于岩性单一的层段，如发现其厚度突变（增厚或减薄），则这种现象是断层存在的可能标志之一。

在沉积时，由于地壳升降不均或沉积盆地基底起伏也会造成同层厚度突变，故用此方法也要非常慎重地具体分析。

4.钻井过程中的井漏、井塌等现象

不同性质的断层对流体所起的渗流作用不同，受张力作用的正断层是流体运移的良好通道；受挤压力作用形成的逆断层对流体起封隔作用。因此，当钻井过程中钻遇正断层的断层面时，钻井液会大量漏失，出现井漏异常。由于断层的存在，钻至断层附近岩层会发生垮塌，岩心上会有擦痕、断层角砾岩或岩石有揉搓现象。这些现象都可能说明有断层存在。

（五）断层形成和活动时代的确定

断层可以是经历一次构造运动形成的，也可以是经历了多次构造运动且长期处于有阶段性的活动之中。在研究断层时，确定它的形成和活动时代亦是极其重要的内容之一。

1.断层形成时代的确定

（1）利用断层与地层的关系

如果一条断层切错了一套较老的地层，而其上又被另外一套较新的地层以不整合接触关系所覆盖，则该断层的形成时间是在不整合面下伏的最新地层形成以后和上覆地层中最老的地层形成之前这一时间区间内。

对于未被不整合面覆盖的断层，原则上只能确定形成时代的下限。

（2）利用断层与断层的关系

当断层被断层切错时，无疑被切错的断层先形成。

（3）利用断层与中、小型岩浆侵入体的关系

在断层带中充填有岩浆侵入体，而未被断层切错时，断层一定形成于岩浆侵入之前；若岩浆侵入体被断层切错，则断层形成于岩浆侵入之后。

（4）利用断层与褶皱构造的关系

①如果断层的分布，仅局限于褶皱构造分布的范围内，在组合形态上存在着一定的几何关系，反映了在力学成因上是有直接的联系，则断层和褶皱构造可能是同一时期形成的。

②如果断层与褶皱构造没有成因上的联系，褶皱构造遭到了断层的破坏，则断层是后形成的。

③如果褶皱构造形成是受到了断层的控制，断层两侧的褶皱构造极不协调，则断层可能是先形成的。

④在同一褶曲构造上，如果既有纵断层又有横断层或斜断层，往往是纵断层被横断层或斜断层切错，反映了纵断层先形成、横断层或斜断层后形成。

2.断层多期活动的识别

地壳上一些区域性大断裂大多是经历过长期活动的。有些断层可以在活动一定时期后静止，以后又再活动；有一些断层甚至现在仍然在活动，如：我国的郯庐断裂、美国的圣安德烈斯断层。岩浆活动是分析确定断层是否长期活动的一个依据。长期多次活动的大断裂往往成为多期岩浆带，所以研究岩浆活动的期次，也为断裂的长期活动提供了重要

依据。

（六）断层构造对工程建设的影响

进行工程建筑、水利建设等，必须考虑断层构造。例如，水库、水坝不能位于断层带上，以免漏水和诱发滑坡等其他不良后果；大型桥梁、隧道、铁道、大型厂房等如果通过或坐落在断层上，必须考虑采取相应的工程措施。因此，凡是重大工程项目都必须具有所在地区的断裂构造等地质资料，以供设计者参考。

断层的工程地质评价：

（1）断层的力学性质：受张力作用形成的断层，其工程地质条件比受压力作用形成的断层差。但受压力作用形成的断层可能破碎带的宽度大，应引起注意。

（2）断层位置与线路工程的关系：一般来说，线路垂直通过断层比顺着断层方向通过受的危害小。

（3）断层面的产状与线路工程的关系：断层面倾向线路且倾角大于10° 的，工程地质条件差。

（4）断层的发生发展阶段：正在活动的断层（如新构造运动剧烈、地震频繁地区的断层），对工程建筑物的影响大，有些相对稳定的断层，影响较小，但要考虑到复活的可能。

（5）充水情况：饱水的断层带稳定性差。

（6）人为影响：有些大的水库，可使附近断层复活，不可忽视。

例如，晋江-永安断裂带在泉州盆地深部和浅部均有强烈的表现，对泉州市的工程建设造成了一定影响。断裂相关的不良地质对工程建设的影响在泉州盆地边缘进行工程建设时应进行地质灾害评估，对有直接危害的大、中型滑坡体和危害程度大的崩塌区，应避开为宜；对危害程度较轻的滑坡体和崩塌区，应采取防治措施。

第四章　地貌及物理地质作用

地貌及第四纪沉积物与工程的建设及运营有着密切的关系。许多工程建筑常穿越不同的地貌及第四纪沉积物，地貌及第四纪沉积物是评价工程地质条件的重要内容之一。第四纪沉积物主要是外动力地质作用对地壳综合作用的结果，外动力地质作用常见有风化作用、河流地质作用、岩溶等。

第一节　地质作用与地质年代

由地质作用导致组成地壳的岩层或岩体发生变形或变位的现象，以及残留于地壳中的空间展布和形态特征，称为地质构造或构造形迹。地质构造不仅包括岩层的倾斜构造、褶皱构造和断裂构造三种基本形态，还包括隆起和坳陷等形态。这些形态都是地壳运动的产物，并与地震有密切的关系。地质构造大大改变了岩层或岩体原来的工程地质性质。如：褶皱和断裂使岩层产生弯曲、破裂和错动，破坏了岩层或岩体的完整性，降低了岩层或岩体的稳定性，并增大了其渗透性，使建筑地区工程地质条件复杂化。因此，研究地质构造不但对阐明和探讨地壳运动发生、发展规律具有理论意义，而且对水利工程位置的选择、设计和施工工作，以及指导工程地质、水文地质、地震预测预报工作等都具有重要的实际意义。

一、地质作用

在地球的演变历史中，地壳每时每刻都在变化着，如山脉的隆起、地壳的下沉、火山喷发和地震、风化侵蚀等。这种引起地壳物质组成、地壳结构和地表形态不断发生变化的作用，通称为地质作用根据发生地质作用的能量来源不同，它又可分为内动力地质作用和外动力地质作用两种类型。

（一）内动力地质作用

内动力地质作用是指由地球内部能源，如地球自转、重力均衡和放射性元素蜕变等所引起的地质作用。它主要表现在地壳运动、岩浆活动及变质作用等方面。

地壳运动是指由内力地质作用引起的地壳组成物质与结构发生变形和变位的运动。

如：地壳的隆起和坳陷，岩层受挤压发生弯曲、错断或拉张发生裂谷、断陷及地震等。地壳运动改变了岩层的原始产出状态，使其发生褶皱、断层和裂隙。残留在岩层中的这些变形和变位称为地质构造和地质形迹，因此地壳运动也称构造运动。

地壳运动的基本形式有水平运动和垂直运动两种。

1.水平运动

水平运动主要表现为地壳岩层发生水平移动，使岩层相互挤压或拉伸，发生褶皱、断裂，形成山脉、盆地或裂谷。如我国西南的横断山脉、喜马拉雅山、天山、祁连山等都是挤压褶皱形成的。美国西部的圣安德烈斯大断裂，地质学家经过多年研究，一致认为它在大约1000万年时间里，断层西盘向西北方向移动了400 ~ 500 km，现仍在继续变形和位移。

2.垂直运动

垂直运动主要表现在地壳大面积整体缓慢上升或下降，上升形成山岳、高原，下降形成湖海、盆地。如我国西部是总体上升地区，而东部及沿海是相对下降地区，长江三峡地区相对上升，其东西两侧，则相对下降上升和下降在漫长的地质历史中可以交替进行，造成海陆变迁，所以也有人称之为造陆运动，这种大面积的升降运动一般不会形成强烈的褶皱和断裂。

板块运动理论认为地壳以水平运动为主导，升降运动是伴生现象，地壳运动及其所形成的各种构造形迹对岩体稳定性、渗透性有很大影响。在水利水电工程或其他大型工程建设中都必须进行详细的勘察研究。

区域构造稳定性也称做区域地壳稳定性，有人简称为区域稳定性，它是指现代地壳活动性对工程安全的影响程度。现代地壳活动主要是地表形变、活断层、地震和火山活动等，这些活动不仅直接影响工程建筑的安全稳定，同时，它也会引起崩塌、滑坡、砂土地震液化、黏土塑性流动、岩溶塌陷等地质灾害。

（二）外动力地质作用

它主要由地球以外的能源，如太阳辐射能、日月引力能和陨石碰撞等引起其中太阳的辐射起着最主要的作用，它造成地面温度的变化，产生空气对流和大气环流，形成水的循环及各种水流和冰川等，并促进生物活动。这些自然现象是不断改造地表形态的主要动力。外力地质作用一般是按照风化作用、剥蚀作用、搬运作用、沉积作用和固结成岩作用序列进行的。外力地质作用受气候、地形等诸多条件控制，在地表不同地区有不同特点，形成不同的产物如潮湿气候区，化学风化作用及生物风化作用、河流地质作用、湖泊地质作用及地下水的地质作用均十分发育；干旱气候区则以物理风化作用及风的地质作用为主。在冰冻地区，则主要是冰川地质作用。同一种地质作用，如湖泊地质作用在干旱气候区和潮湿气候区表现的特点就有所不同，其产物亦有明显差异。地形条件对外力地质作用的方式和强度有显著影响，如大陆以剥蚀作用为主，而海洋则以沉积作用为主，地面流水的地质作用在山区以剥蚀作用为主，在平原区则以沉积作用为主。

二、地质年代

地壳自形成以来经历了30亿～46亿年的历史，在这漫长的地质历史发展过程中，地壳经历了多个发展阶段并产生了巨大的变化。

地壳发展演变的历史，简称地史；研究地壳的发展和变化历史的科学，叫地史学。地史学研究的主要内容，包括地壳岩石生成顺序及年代、古生物的演化及发展、古地理的演变及海陆变迁、地壳的构造发展历史等。

（一）地质年代的概念

地质年代系指地质体形成或地质事件发生的时代，包括两层含义（两种计时方法）：

（1）相对年代——地质体形成或地质事件发生的先后顺序。

（2）绝对年龄——地质体形成或地质事件发生距今有多少年。

地质历史划分为太古代、元古代、古生代、中生代和新生代五个大的时代。在每个代中又划分出若干个纪，每个纪再分为几个世，世以下再分出期。代、纪、世、期是地质历史的时间单位。

代、纪、世是国际性单位，全世界是一致的。期是全国性或大区域的地质时代。把地质时代单位从老到新按顺序排列起来，就形成了目前国际上大致通用的地质年代表。

在地质年代表中，还可列入地壳运动的几个主要构造期，如吕梁运动、加里东运动、海西运动、燕山运动、喜马拉雅运动，地壳运动是划分地层时代的分界标志，次一级的地壳运动往往作为纪的分界标志。

（二）地层年代及其确定方法

地层是指在一定地质时期内先后形成的具有一定层位的层状和非层状岩石的总称。它与岩层一词的区别主要是含有时间概念。同时，一个地层单位可以包含数种岩性不同的岩层。地质历史的划分主要是根据对地层的观察研究得来的岩性能说明该岩层形成时的自然地理环境，岩层中的构造形迹记录着地壳运动的情况，而岩层中的化石能更清楚地说明生物进化、气候、环境等自然条件。因此，一层层的岩石地层就像是一页页记录着地质发展历史情况的书本。

地层的划分与地质时代的划分是一致的，但单位名称不同。与地质时代单位——宙、代、纪、世、期相对应，地层时代单位为宇、界、系、统、阶。如寒武纪时期形成的地层称为寒武系等。另外，表示时间的早、中、晚在地层中则用下、中、上表示。此外，有些地区地层不含化石或化石很稀少，其时代不能准确划定，或该地区跨越不同的地质年代，因此，只能根据岩性特征和沉积间断等情况来划分地层的单位和时代。这种只限于在某个地区适用的划分，按级别由大到小称为群、组、段。其中，组是最常见的基本单位，群是最大的单位。

确定和了解地层的时代，在工程地质工作中是很重要的，同一时代形成的岩层常有共同的工程地质特性。如在四川盆地广泛分布的侏罗系和白垩系地层，因含有多层易遇水泥化的黏土岩，致使凡有这个时代地层分布的地区滑坡现象都很常见。而不同时代形成的相同名称的岩层，往往岩性也有区别。在分析地质构造时，必须首先查明地层的时代关系方能进行。

1.地层绝对年代的确定

根据岩层中放射性元素蜕变产物的含量，通过计算可求得地层的绝对年代，如铀铅法、钾氩法、铷锶法等。以铀铅法为例，岩石中的放射性元素铀，在自然条件下按一定速度蜕变，最后形成铅和氦两种终结元素。若用专门的仪器测定出岩石放射性元素和终结元素的含量，可按式（4-1）计算岩层的绝对年代：

$$N_0 = N_t e^{\lambda t} \tag{4-1}$$

式中，N_0——放射性物质形成时原子的原始数量；

N_t——放射性物质经过时间t后未蜕变的原子数量；

λ——放射性物质的蜕变常数（单位时间内有多少原子发生蜕变）；

e——自然对数的基数，e=2.71828182…

式（4-1）经改写并取对数，则：

$$t = 1/\lambda\left\{2.3g\left[\left(1+N_0-N_t\right)/N_t\right]\right\} \tag{4-2}$$

已知的^{235}U变常数λ，如能测出岩石中^{207}Pb的含量（即N_0–N_t）和^{235}U保留含量（即N_t），即可按式（4-2）求得岩石的绝对年龄t。

2.地层相对年代的确定

在野外工作中确定地层的相对年代，即判别其新老关系，有下述几种方法：

（1）地层层序法

在地壳表层广泛分布的沉积岩层，如未经剧烈构造变动，则位于下面的地层时代较老，上面的地层时代较新。

（2）古生物化石法

生物进化由简单到复杂、由低级到高级，它的演化发展是不可逆的。自然条件的改变会使某些生物灭绝，并可形成化石，那些只在某个较短时代段落出现并分布较广的生物化石，就形成了确定地层时代的最好标志，这样的化石称为标准化石。

（3）岩性对比法

同一时期、同一地质环境下形成的岩石，其成分、结构、构造及上下相邻岩层的特征，都应是相同或相似的。因此，当某地区地层时代为已知时，则可通过岩性对比来确定其他地区的地层时代。

（4）岩层接触关系法

不同时期形成的岩层，其分界面的特征即互相接触的关系，可以反映各种构造运动和古地理环境等在空间和时间上的发展演变过程，因此，它是确定和划分地层时代的重要依据。岩层接触关系有以下几种类型：

①整合接触

指上下两套岩层产状一致，互相平行，连续沉积形成。它反映岩层形成期间地壳比较稳定，没有强烈的构造运动。

②平行不整合接触

也称假整合，指上下两套岩层产状虽大致平行一致，但其分界接触面则是起伏不平的，其间缺失一段时间的沉积岩层。在接触面间常分布有一层砾岩，称为底砾岩。平行不整合代表了两套岩层之间曾有过一次地壳升降运动和沉积间断。因此，剖面图上岩层分界线起伏不平，平面图上地层不连续有缺失。

③角度不整合接触

指上下岩层产状不同，彼此呈角度接触，其间，缺失某时间段落的岩层，接触面多起伏不平，也常有底砾岩和古风化岩。角度不整合代表着两套岩层之间曾发生过剧烈的构造运动和海陆变迁。即下部岩层形成后，发生造山运动，岩层受挤压发生褶皱和断裂，地壳隆起，海退，遭受风化剥蚀，过一段时期后，地壳下沉，海侵，又接受沉积，形成上部岩层。

上述三种接触类型是沉积岩之间或某些变质岩之间的关系。

（5）岩浆岩年代的确定

岩浆岩年代的确定一般利用其与上下沉积岩的接触关系进行。对于喷出岩，如果喷出岩夹于沉积岩之间，只要把喷出岩上下沉积岩的年代确定出来，喷出岩的年代就可判定。对于侵入岩体和脉状岩体的相对年代的确定，主要是依据它们与相邻沉积岩系的接触关系而定。如果岩浆岩在沉积岩形成之后侵入，则在侵入岩与沉积岩的接触带上，沉积岩会出现烘烤现象甚至蚀变变质现象，有时还被该侵入岩派生的岩脉所穿插，而侵入岩体则往往残留有围岩的捕虏体，这种接触关系称为侵入接触。侵入接触表示该侵入岩的年代较沉积岩为新，如果侵入岩冷却凝固，并上升至地表遭受侵蚀，在其上又形成新的上覆沉积岩层，则沉积岩底部还往往会有该侵入岩体的碎块，这种接触关系称为沉积接触。沉积接触说明该侵入岩体的年代较上覆沉积岩为老。如果有多次侵入，侵入体往往相互穿插，此时，穿插其他岩体的侵入岩的年代较新，被穿插的侵入岩的年代较老。

（6）变质岩年代的确定

如果变质不深，变质岩年代的确定可分别采用上述确定沉积岩和岩浆岩相对年代的方法进行划分和对比；如果变质太深，则主要靠测定岩石中同位素年龄的方法来确定。

第二节　地貌与风化作用

一、地貌

（一）地貌概述

地貌是指在各种地质应力作用下形成的地球表面各种形态的总称。地表形态是多种多样的，成因也不尽相同，但都是内外力地质作用对地壳综合作用的结果。内力地质作用造成了地表的起伏，控制了海陆分布的轮廓及山地、高原、盆地和平原的地域配置，决定了地貌的构造格架。而外力（流水、风力、太阳辐射能、大气和生物的生长和活动）地质作用，通过多种方式，对地壳表层物质不断进行风化、剥蚀、搬运和堆积，从而形成了现代地面的各种形态。简言之，内力规定了地貌的基本结构，外力则在这个基础上，不断对它们进行雕塑。所有地貌都在不断变化发展，地貌变化发展受构造运动、外力作用和时间三个因素的影响。

（二）地貌类型

自然界存在千变万化的地表形态，有各式各样的地貌类型。总体可分为大陆和海洋两大部分。

海洋的面积约占地壳总面积的71%，其平均深度为3700多米。海洋地形的半数为表面平坦且无明显起伏的大洋盆地。海底的山脉称为海岭，而海底长条形的洼地称为海沟，一般深度大于6 km，可谓地球表面最低洼地区，如西太平洋马里亚纳海沟深度为11034 m，菲律宾海沟深度为10540 m。与陆地连接的浅海平台则称为大陆架。大陆架外缘的斜坡称为大陆坡。

地貌分类原则涉及因素较多，一般可按地貌形态和地貌成因进行分类。

1.地貌的形态分类

大陆的平均海拔为800多米，按高程和起伏状况，大陆表面可分为山地（33%）、丘陵（10%）、平原（12%）、高原（26%）和盆地（19%）这几种地貌形态，见表4-1。

表4–1　大陆地貌的形态分类

形态类型		绝对高度（m）	相对高度（m）	平均坡度(°)	举例
山地	高山	> 3500	> 1000	> 25	喜马拉雅山、庐山、大别山川东平行岭谷
	中山	1000 ~ 3500	500 ~ 1000	10 ~ 25	
	低山	500 ~ 1000	200 ~ 500	5 ~ 10	
丘陵		< 500	< 200		闽东沿海丘陵
高原		> 600	> 200		青藏高原、内蒙古高原、黄土高原、云贵高原
平原	高平原	> 200			东北、华北、长江中下游平原
	低平原	0 ~ 200			
盆地		<海平面高度			四川盆地

（1）山地

陆地上海拔在500 m以上且由山顶、山坡和山麓组成的隆起高地，称为山地。按山地的外貌特征、海拔、相对高度和坡度，并结合我国的具体情况，将山地分为高山、中山和低山三类。

①高山

海拔为3500 ~ 5000 m、相对高度为大于1000 m、山坡坡度大于25°的山地，称为高山。大部分山脊与山顶位于雪线以上，冰川地形的山地也属高山。

②中山

海拔为1000 ~ 3500 m、相对高度为500 ~ 1000 m、山坡坡度为10° ~ 25°的山地，称为中山。中山的外貌特征多种多样，有的平缓，有的陡峭，有的由于冰川作用而具有尖锐的角峰和锯齿形山脊。

③低山

海拔为500 ~ 1000 m、相对高度为200 ~ 500 m、山坡坡度为5° ~ 10°的山地，称为低山口有些切割较深的低山，坡度较大（常大于10°）。

（2）高原

陆地表面海拔在600 m以上、相对高度在200 m以上、面积较大、顶面平坦或略有起伏且耸立于周围地面之上的广阔高地，称为高原。规模较大的高原，顶部常形成丘陵与盆地相间的复杂地形。世界上最高的高原是我国的青藏高原，平均海拔超过4000 m。

（3）平原

陆地表面宽广平坦或切割微弱、略有起伏并与高地毗连或为高地围限的平地，称为平原。按海拔分为高平原和低平原两种。低平原海拔小于200 m，为地势平缓的沿海平原。

我国的华北平原就是典型的低平原。高平原海拔大于200 m，为切割微弱而平坦的平地。如：我国的河套平原、银川平原等都是高平原。

（4）盆地

陆地上中间低平或略有起伏、四周被高地所围限的盆状地形，称为盆地。盆地的海拔和相对高度一般较大，我国的四川盆地中部的平均高程为500 m，青海柴达木盆地的平均高程为2700 m。根据成因分为构造盆地和侵蚀盆地。

（5）丘陵

丘陵是一种起伏不大、海拔一般不超过500 m、相对高度在200 m以下的低矮山丘。丘陵多数由山地、高原经长期外力侵蚀作用形成。

2.地貌的成因分类

地貌形态虽然千姿百态，但形成地貌的动力主要有两类，即内力地质作用和外力地质作用。内力地质作用主要形成地表起伏，向着增强地势趋向发展；外力地质作用趋向于削平地表起伏，向着减弱地势的趋向发展。

（1）内力地貌

内力地貌即以内力地质作用为主所形成的地貌。以不同的内力地质作用又可分为构造地貌和火山地貌。

①构造地貌

构造地貌是指由构造运动所形成的地貌，其形态能充分反映地质构造的原始形态。例如，高地符合构造隆起和以上升运动为主的地区，盆地符合构造坳陷和以下降运动为主的地区。由于地质构造形迹的多样性，构造地貌可分为很多类型，如单面山、褶皱山、断块山等。

②火山地貌

火山地貌是由喷发出来的熔岩和碎屑物质堆积所形成的地貌。如熔岩盖、火山锥、熔岩丘等。

（2）外力地貌

外力地貌指以外力地质作用为主所形成的地貌。根据外力地质作用的不同，外力地貌又可分为水成地貌、风成地貌、岩溶地貌、冰川地貌、重力地貌等。

①水成地貌

水成地貌是指由各种流动水体对地表松散碎屑物的侵蚀、搬运和堆积过程中形成的地貌，又称流水地貌。流水地貌及其堆积物是陆地上分布最为广泛的地貌类型和第四纪沉积类型。对土木工程建设、水利工程建设、农田基本建设和水土保持等具有极其重要的意义。

②风成地貌

风成地貌是指由风对地表松散碎屑物的侵蚀、搬运和堆积过程中形成的地貌。风成地貌又可分为风蚀地貌和风积地貌。风蚀地貌如风蚀洼地、蘑菇石等；风积地貌如新月形沙丘、沙垄等。前者称流水地貌，是由喷发出来的熔岩和碎屑物质堆积所形成的地貌。

③岩溶地貌

岩溶地貌是指以地下水为主、地表水为辅，对可溶性岩石进行化学溶蚀作用所形成的地貌，如溶沟、溶洞、石芽、峰林、地下暗河等。

④冰川地貌

冰川地貌是指冰川流经地区，由于受到冰川的侵蚀、搬运和堆积作用，以及冰川消融或退缩而形成的一系列独特的冰川地貌。冰川地貌又可分为冰蚀地貌、冰碛地貌和冰川堆积地貌等。

⑤重力地貌

重力地貌是由于斜坡上的风化碎屑或不稳定的岩体、土体在重力作用下产生崩塌、错落、滑坡及蠕动而形成的各种地貌。

⑥其他地貌

黄土地貌、冻土地貌等。

二、风化作用

（一）风化作用的类型

岩石在太阳热能、大气、水和生物等各种风化应力作用下，不断发生物理和化学的变化过程，称为岩石风化。这种在气温变化、大气、水溶液和生物因素的影响下，使地壳表层或接近地表的岩石在原地遭受破坏和分解的作用，称为风化作用。岩石经过风化作用后，残留在原地的堆积物称为残积物。被风化的地壳表层称为风化壳。风化作用是地表最常见的外力地质作用，它的产物是地表各种沉积物的主要来源。

根据风化作用性质和影响因素的不同，可分为物理风化作用、化学风化作用和生物风化作用三种类型。

1.物理风化作用

处于地表的岩石，主要是由于气候和温度的变化，在原地产生的机械破坏而不改变其化学成分、不形成新矿物的作用，称为物理风化物理风化作用的方式有以下两种：

（1）温差风化

由于气温昼夜和季节的显著变化，使岩石表层发生不均匀膨胀，这一过程的频繁交替，使岩石表层产生纵横交错的裂隙乃至由表及里呈层状剥落。此外，不同矿物受热的体积膨胀系数各不相同，故由多种矿物组成的岩石在温度变化的影响下，各种矿物的体积胀缩也有差异，使它们之间的结合力被破坏，完整的岩石被崩解、破碎成大大小小的碎块。

（2）冰冻风化

充填在岩石裂隙中的水分结冰使岩石破坏的作用称为冰冻风化，也称冰劈作用。地表岩石的裂隙中常有水分，当温度下降到0℃时水结成冰，体积增大9%，可使周围产生96MPa的压力，使岩石裂隙加宽加深。当气温回升至0℃以上时，冰融化成水沿着加宽加大的裂隙更加深入到岩石内部，尤其是温度在0℃左右波动时，充填在岩石裂隙中的水分反复冻结和融化，使岩石的裂隙不断加深、扩大，从而使岩石崩裂成碎块。

2. 化学风化作用

处于地表的岩石，与水溶液和气体等在原地发生化学反应逐渐使岩石破坏，不仅改变了物理状态，同时也改变了其化学成分，并可形成新矿物的作用、称为化学风化作用。化学风化作用的方式主要有溶解作用、水化作用、水解作用和氧化作用。

（1）溶解作用

岩石中的矿物溶解于水中的过程就是溶解作用。溶解作用的结果是岩石中的易溶物质被溶解而随水流失，难溶物质则残留于原地。此外，由于溶解作用也使岩石的空隙增加，使岩石更易遭受物理风化。最容易溶解的矿物是卤化盐类（岩盐、钾盐），其次是硫酸岩类（石膏、硬石膏），再次是碳酸岩类（石灰岩、白云岩），其他岩石虽然也溶解于水，但溶解度很低，但是，当水的温度升高以及压力增大时，特别是当水中含有侵蚀性CO_2而发生碳酸化合作用时，水的溶解作用就会显著增加，如在石灰岩分布地区，由于这种溶解作用常有溶洞、溶孔等岩溶现象。

（2）水化作用

有些矿物与水接触时，能够吸收水分形成新矿物，称为水化作用。如：硬石膏经水化作用后形成软石膏；赤铁矿经水化作用后形成褐铁矿；矿物经水化作用后体积膨胀而对周围岩石产生压力，使岩石胀裂，促进物理风化的进行。此外，水化后形成的新矿物硬度一般较原矿物小，从而降低了岩石的抗风化能力。

（3）水解作用

水解作用是指天然水中部分离解的H^+和OH^-，与矿物在水中离解的离子间的交换反应。水解作用的结果是引起矿物的分解，部分离子以水溶液或胶体溶液的形式随水流失，还有部分难溶于水的残留于原地。例如，钾长石被水解的化学反应式为：

$$4K\left[AlSi_3O_8\right]+6H_2O \rightarrow Al_4\left[Si_4O_{10}\right](OH)_8+8SiO_2+4KOH$$

高岭土　　　　　　　铝土矿（难溶）　　胶体

高岭土在地表一般是稳定的，但在湿热气候条件下，经长期风化，还可进一步水解。化学反应式为：

$$Al_4\left[Si_4O_{10}\right](OH)_8+nH_2O \rightarrow 2Al_2O_3 \cdot nH_2O+4SiO_2+4H_2O$$

高岭土　　　　　　　　铝土矿（难溶）　胶体

（4）氧化作用

矿物中低价元素与空气中的氧发生反应形成高价元素的作用，称为氧化作用。由于大气中含有氧（21%），故氧化作用在地表极为普遍。尤其在湿热气候条件下，氧化作用更为强烈。

自然界中许多变价元素在地下缺氧条件下多形成低价元素矿物。但在地表环境下，这些矿物极不稳定，容易被氧化成高价元素矿物。例如，黄铁矿被氧化后成为褐铁矿，并析出硫酸，对岩石和混凝土会产生强烈的侵蚀破坏作用。其反应式为：

$$4FeS_2+14H_2O+15O_2 \rightarrow 2\left(Fe_2O_3 \cdot 3H_2O\right)+8H_2SO_4$$

黄铁矿　　　　　　　　褐铁矿（难溶）

3.生物风化作用

生物风化作用是指动物、植物及微生物在其生命过程中，直接或间接地对岩石所起的破坏作用，分为物理的和化学的两种作用方式。如树根在岩石裂隙中长大、穴居动物的挖掘等，都会引起岩石的崩解和破碎，属于生物的物理风化作用。而生物化学风化作用的影响要比生物物理风化作用大得多。它是指生物新陈代谢的分泌物、死亡后遗体腐烂分解过程中产生的物质与岩石发生化学反应，促使岩石破坏的作用，如生命活动与动植物残体的分解所产生的大量二氧化碳，在碳酸化方面起着重要作用：生物活动所产生的各种有机酸、无机酸（如固氮菌产生的硝酸、硫化菌产生的硫酸等）对岩石的腐蚀，生物体对某些矿物的直接分解（如硅藻分解铝硅酸盐、某些细菌对长石的分解等），以及因生物的存在使局部温度、湿度及化学环境的改变，都使岩石矿物更易发生风化。

另外，人类活动如开矿、筑路、灌溉与耕作等对风化作用也有影响。

上述三种风化作用并不是孤立进行的，而是相互联系、相互影响的统一过程。但在某一自然条件下，常以一种风化作用占主导地位，如高寒和干燥地区以物理风化作用为主，而在潮湿炎热的地区，则以化学风化作用和生物风化作用为主。

（二）岩石风化带的划分

风化作用对岩石的破坏，首先从地表开始，逐渐向地壳内部深入。在正常情况下，越接近地表的岩石，风化得越剧烈，向深处便逐渐减弱，直到过渡到未受风化的新鲜岩石：这样在地壳表层便形成了一个由风化岩石构成的层，称为风化壳。在整个风化壳的剖面上，岩石的风化程度是不同的，因而岩石的外部特征及其物理力学性质也不相同，适于建筑的性能也不一样。为了说明风化壳内部岩石风化程度的差异，特别是为了正确评价风化岩石是否适于作为建筑物地基，必须对风化壳进行分带。

不同专业的划分方法和标准大同小异。这里所讲是水利工程部门的划分标准一般将岩石风化壳按风化程度划分为全风化、强风化、弱风化和微风化四个带，详见表4-2表中所列的四个风化带，不是任何风化岩石的垂直剖面上都能见到，由于水流冲刷等外力作用的影响，常保留其中2 ~ 3个带。

表4–2　岩石风化壳垂直分带划分表

分带名称	颜色、光泽	岩石组织结构的变化及破碎情况	矿物成分的变化情况	物理力学特性的一般变化	其他特征
全风化	颜色已全改变，光泽消失	结构已完全破坏，呈松散状或仅外观保持原岩状态，用手可掰碎	除石英颗粒外，其余矿物大部分风化变质，形成风化次生矿	浸水崩解，与松软土或松散土体的特征相似	锤击声为土哑声，锹、镐可开挖
强风化	颜色改变，唯岩石块的断口中心尚保持原有颜色	外观具原岩结构，但裂隙发育，岩石呈下砌块石状，岩块上裂纹密布，疏松易碎	易风化矿物均已风化变质，形成风化次生矿物，其他矿物仍有部分保持原来特征	物理力学性质显著减弱，具有某些半坚硬岩石的特性，变形模量小，承载强度低	锤击声为石哑声，锹、镐可开挖，偶须爆破
弱风化	表面和裂隙面大部变色，但断口仍保持新鲜岩石特点	结构大部完好，但风化裂隙发育，表面风化强烈	沿裂隙面出现次生、风化矿物	物理力学性质减弱，岩石的软化系数与承载强度变小	锤击声发声不够清脆，须爆破开挖
微风化	沿裂隙面微有变色	结构未变，除构造裂隙外，一般风化裂隙不易觉察	矿物组成未变，仅在裂隙面上有时有铁、锰质浸染	物理性质几乎不变，力学强度略有减弱	锤击声发声清脆，须爆破开挖

第三节　河流地质作用

一、河流的地质作用

河流所流经的槽状地形称为河谷，河谷是由谷底和谷坡两大部分组成的谷底包括河床及河漫滩，河床是指平水期占据的谷底，或称河槽；河漫滩是河床两侧洪水时才能淹没的谷底部分，而枯水时则露出水面。谷坡是河谷两侧的岸坡–谷坡下部常年洪水不能淹没并具有陡坎的沿河平台叫阶地，但并不是所有的河段均有。

河水流动时，对河床进行冲刷破坏，并将所侵蚀的物质带到适当的地方沉积下来，故河流的地质作用可分为侵蚀作用、搬运作用和沉积作用。

（一）河流的侵蚀作用

河流的侵蚀作用包括机械侵蚀和化学侵蚀两种基本方式。前者最为普遍，后者在可溶性岩石分布地区比较显著。按照河流侵蚀作用的方向，分为垂直侵蚀、侧向侵蚀和向源侵蚀。

1. 垂直侵蚀

河流的垂直侵蚀，是指河水对河床底部的冲刷加深及水流所携带的沙砾石对谷底的磨蚀加深。山区河流，一般由于地势高，河床坡度陡，流速大，向下侵蚀的能量强，往往形成峡谷。平原河流一般垂直侵蚀微弱，甚至没有。垂直侵蚀作用取决于河流的流速和含砂量。河流上游区坡度大，垂直侵蚀作用明显，常形成横剖面呈V字的深切峡谷：此外，垂直侵蚀作用还与河床岩性和地质构造有关。岩石坚硬则垂直侵蚀作用较弱，河床下切浅，河底易形成凸起的浅滩和礁石；反之，则垂直侵蚀作用较强，河床下切深。易形成地形下凹的河底，甚至形成较大的深潭河流。有时在岩石强度差异较大的地段易形成瀑布，如贵州安顺黄果树瀑布就是这种原因形成的，落差74 m，极为壮观。

河流的垂直侵蚀并不是无限制地进行的，当河流垂直侵蚀达到一定深度即河床趋近于海平面时，河流的垂直侵蚀就停止了，这个垂直侵蚀不再发生的海平面称为河流的侵蚀基准面。但它只是一种潜在的基准面，并不能决定整条河的实际侵蚀作用过程，在特殊情况下，某些河段还能下蚀得比这更低；如长江三峡中许多地方河床低于黄海海面以下，最深的南津关深槽达海面以下45 m。

2. 侧向侵蚀

河水在流动过程中，由于受河床的岩性、微地形、地质构造及地球的自转等影响，河流不可能是笔直流的，往往发生弯曲。在弯曲河道中，水流由于受离心力的作用，从而形成了不对称螺旋状横向环流，表层水流流向凹岸，而底层水流流向凸岸。

横向环流引起凹岸的侧向侵蚀，使凹岸坡的下部淘空，上部垮落，致使河流不断向凸岸或下游适当地点堆积。随着侧蚀作用的继续进行，凹岸不断后退而凸岸则向河心增长，结果导致河谷越来越宽，河槽越渐弯曲。

河流弯曲进一步发展，就形成河曲（蛇曲），当河曲发展到一定程度时，在其上下游两个相邻的弯曲之间的最窄地带，某一次洪水时被冲开变成直线段，叫作河流的截弯取直，而被废弃的河道则逐渐淤塞断流，成为与新河道隔开的牛轭湖。

3.向源侵蚀

在河流不断下蚀加深河床的过程中，同时还表现出另一方向的侵蚀作用，即河流的源头逐渐向分水岭方向延伸，称为向源侵蚀（溯源侵蚀）。向源侵蚀的结果使河流加长，同时扩大流域面积。有时一条河流的向源侵蚀会将另一条河流切断，将其上游的水夺过来，发生河流袭夺现象。

（二）河流的搬运作用

河水携带了大量的泥沙和溶解物质，不断地从上游向下游搬运，最后带入湖泊或海洋，称为河流的搬运作用。流水的搬运力主要取决于流速与被搬运物质本身的重力，按埃里定律，被搬运物质的重力与流速六次方成正比，即流速增加一倍，搬运力可增加64倍。所以，山区河流在洪水期间可以搬运很大的石块。

河流搬运物质的方式有推运、悬运和溶解运三种，相应的搬运物质被称为推移质、悬移质和溶解质。溶解质就是物质溶解在水中而被搬运，被溶解的物质为各种可溶盐类，其中以碳酸盐类为最多推运是物质以滑动、滚动和跳跃等方式沿河底运移。悬运则是物质在水流中悬浮运移。后两种搬运方式的区别，主要由流速和粒径来决定，如果流速增加，则使较粗的颗粒也可成为悬移质；相反，流速减小，较细的颗粒也可能成为推移质。

河水的搬运能力影响到河床的稳定性。因为河床的稳定程度与流速、比降和河床泥沙的粒径有关。泥沙的运移既随流速的增大而加强，所以在洪水期河床的稳定程度最差；但是流速取决于比降，当其他条件相同时，比降大的河床更易变形同时，河床变形的强度也取决于河床泥沙的粒径，粒径越粗，越不易变形。

（三）河流的沉积作用

河水携带的泥沙，由于河床坡度和流量减少而使流速变缓，或含沙量增加，引起搬运力减弱，便逐渐沉积下来，这个过程称为河流的沉积作用形成的堆积物称为河流冲积物河流的沉积作用，主要发生在河流的中下游地区。

在河流的纵剖面上，一般上游沉积较粗的砂卵砾石，越往下游沉积物颗粒越细，最后由细砂土逐渐变为亚砂土以致黏土，更细的或溶解质多被带入海中。

河流形成的大量沉积物，不仅会改变河床的形态和水力条件，淤浅河床，也会引起水库发生淤积，以及引水工程建筑物淤塞等现象。

归纳上述河流的地质作用可见：促使河流地质作用不断进行和发展的是水流。水流同时进行着两种相互依存和相互制约的作用，即侵蚀作用和沉积作用，这两种作用是同时存在的。河流一段遭受侵蚀，而另一段就会发生沉积，而且在同一个横断面上就进行着这两种作用。河流的搬运作用，可以认为是以上两种作用处于暂时平衡的结果。虽然这些作用可以在同一断面上存在，但往往在河流上游以侵蚀作用为主，中游处于平衡状态以搬运作用为主，而下游则以沉积作用为主。

二、河流地貌

河流的水流在流动过程中，侵蚀地表，形成各种侵蚀地貌，被侵蚀的物质沿沟谷向下游搬运并堆积，形成各种堆积地貌，凡是由河流作用形成的地貌，称为河流地貌河谷在发展演变过程中，可形成各种不同类型的纵、横剖面和特有的地貌形态。

（一）河谷地貌

河流的纵剖面总是起伏不平的，上游地势高，坡度大，往下游逐渐变为低而平缓，河谷地势出现明显落差，且由于河流流经地段的岩性或地质构造的差异，在局部地段还会出现深潭、陡坎、瀑布和深槽等地形河流纵剖面的这种变化，为水利资源的梯级开发创造了自然条件。

在横剖面上，河流上下游的河谷也具有不同的形态。在上游山区，河流的下蚀作用超过侧蚀作用，因而多形成两壁陡峭的V形河谷口在河床坡度平缓的下游地区，河流侵蚀作用以侧向侵蚀为主，拓宽河谷的作用较强，并伴有不同程度的沉积作用，因而河谷多发展为谷底平缓，谷坡较陡的U形河谷。

河流流经块状岩层和厚层状岩层地区时，由于岩层岩性比较均一，河流侧向侵蚀差异小，因而形成两岸谷坡坡角大致相等的对称河谷。如果河谷两侧岩层较薄，岩性软硬不一，则河谷易向软弱岩层一岸冲刷，从而形成一岸坡陡、另一岸坡缓的不对称河谷。

（二）河床地貌

山区河床形态复杂，横断面常呈深而窄的V形，平面上受地质构造及岩性控制，纵剖面比降大，常呈阶梯状，多跌水和瀑布。

1.岩坎和石滩

岩坎是由坚硬岩石横亘于河床底部形成的。河流在岩坎处形成急流，当岩坎高度大于水深时，即形成瀑布。这类地形常与断层崖有关（如黄果树瀑布、尼亚加纳瀑布）。岩坎总是随着向源侵蚀不断后退，直到消失。石滩是由山区河床上堆积很多巨大岩块所构成的，巨大岩块来源于谷坡的崩坠、滑坡或河谷两侧支沟冲出的堆积物石滩形态不如岩坎稳定，在水流长期作用下较易移动、变形或消失。

2.深槽和深潭

河床中的深槽主要是由地质构造因素而形成的，如断层破碎带、裂隙密集带、软弱岩层等抗冲刷能力较弱的部位易形成深槽，深槽常分布于水流侵蚀性很强的峡谷河流。

（三）河漫滩地貌

在洪水期，河水高出河床、由于流速突然减小，较粗的沉积物便迅速沉积下来，形成河漫滩沉积物，还留下明显的地形特征。沉积物多由粉沙与黏土组成，内侧较粗，向外逐渐变细。由于河曲的不断发展，河床侧向迁移，在河床沉积层上堆积了河滩沉积，这一套沉积构成冲积层的二元结构。

（四）河流阶地地貌

河谷地貌的另一种重要形态是河流阶地。所谓阶地，是指河谷谷坡上分布的洪水不能淹没的台阶状地形。若有数级阶地，按照高低位置的不同，自下而上可分别称为Ⅰ级阶地、Ⅱ级阶地等。阶地的形成是由于地壳运动的影响，使河流侧向侵蚀和垂直侵蚀交替进行的结果。在地壳运动相对稳定时期，由于河流的侧向侵蚀作用，使河床加宽，并形成平缓的滩地，枯水期这些滩地露出水面，洪水期则被水淹没，这种滩地称为河漫滩。当地壳上升时，基准面相对下降，河流下切，河漫滩位置相对升高至洪水期也不再被水淹没时便成为阶地。如果上述作用反复交替进行，则老的河漫滩位置将不断相对抬高，并有新的阶地和新的河漫滩形成，故多次地壳运行将出现多级阶地。由于形成阶地的原因是复杂的，因而可出现不同的类型：主要是由河流侵蚀作用而形成的可称为侵蚀阶地，其特征是阶地面上没有或只有很少的沉积物；当地壳下降或海平面上升，河流以沉积作用为主时，则形成堆积阶地；若河流的沉积作用和下切作用是交替进行的，还可形成下部为基岩、上部为沉积物的基座阶地（又称侵蚀堆积阶地）。

（五）坝址选择与河流地貌关系

河谷是水利水电建设的基本场所。因此，在选择坝址位置时，应尽可能地利用良好河谷地段，以减少投资，增大效益。一般在选择坝址时，应注意以下几点：

（1）坝址最好选择在河谷较窄地段，上游有足够宽阔的盆地或较宽的河谷，以便增加库容。下游最好有河漫滩或宽阔的阶地，以利于施工场地的布置。选择地质条件适合筑坝的地段。

（2）选择坝址必须避开断层破碎带等不良地质条件，要尽量避开冲沟、岩坎和深潭相间分布地段。冲沟常是坝下渗漏的通道，岩坎、深潭将相应增加清基和回填工程量，增加了工程造价。

（3）坝址两岸谷坡应较规整，修筑拱坝时要求对称，以利于坝身应力分布均匀。

总之，坝址选择应综合考虑河谷形态、地质条件、水工布置和施工场地、天然建筑材料等条件。

第四节　其他地质作用

一、岩溶

岩溶是水（地下水为主、地表水为辅）对可溶性岩石长期进行的以化学溶蚀作用为主、机械侵蚀作用为辅的综合地质作用，以及由这些地质作用所产生的各种现象的总称。这里所说的可溶性岩石主要是碳酸盐岩。岩溶在国外又称为喀斯特。“喀斯特”一词来源于南斯拉夫亚得里亚海沿岸喀斯特高原地区，那里发育着由地下水化学作用形成的奇特地貌景观，南斯拉夫学者司威治（J.Cvijic）将其命名为喀斯特。

（一）岩溶形成的基本条件和影响因素

1.岩溶发育的基本条件

岩溶发育必须具备下列四个基本条件：岩石的可溶性、岩石的透水性、水的溶蚀性、水的流动性。

可溶性岩层是发生溶蚀作用的必要前提，且必须具有一定的透水性，使水能进入岩层内部进行溶蚀。纯水对钙、镁碳酸盐的溶解能力很弱，含有二氧化碳及其他酸类时，侵蚀能力才显著提高。具有侵蚀能力的水在碳酸盐岩中停滞而不交替，很快成为饱和溶液而丧失其侵蚀性，因此水的流动是保持溶蚀作用持续进行的必要条件。此外，岩溶发育还受以下因素的影响：

（1）岩石的可溶性

可溶岩包括易溶的盐类岩、中等溶解度的硫酸盐岩和难溶的碳酸盐岩（石灰岩、白云岩等）。盐类岩和硫酸盐岩较碳酸盐岩更易溶解，但分布面积有限，对岩溶的影响远不如分布广泛的碳酸盐岩碳酸盐岩是由不同比例的方解石和白云石组成的，并含有泥质、硅质等杂质。纯方解石的溶解速度约为纯白云石的两倍，故纯灰岩地区的岩溶最为发育，白云岩次之，硅质和泥质灰岩最难溶蚀。

碳酸盐岩的化学成分对岩溶发育程度有重要的影响。$CaCO_3$含量越高，溶解度越大。如岩石中含有较多的硅质、黏土质等不溶物质时，溶解度降低。岩石的结构也是影响岩溶发育的重要因素，岩石中晶屑越粗，溶解度越大。

（2）岩石的透水性

碳酸盐岩的初始透水性取决于它的原生孔隙和构造裂隙的发育程度。厚层质纯的灰岩，构造裂隙发育很不均匀，各部分初始透水性差别很大，溶蚀作用集中于水易于进入的裂隙发育部位；薄层的碳酸盐岩，通常裂隙发育比较均匀，连通性好的层面裂隙尤其发育。

（3）水的溶蚀性

水的溶蚀性主要取决水溶液的成分。含有碳酸的水，对碳酸盐类的溶蚀能力比纯水大得多。水中二氧化碳的含量受空气中二氧化碳含量的影响，水中二氧化碳的含量越多，水的溶蚀力越大。其化学方程式如下：

$$CaCO_3 + H_2O + CO_2 \rightleftharpoons Ca^{2+} + 2HCO_3^- \quad (4\text{-}3)$$

另外，水中二氧化碳的含量与大气中的二氧化碳含量及局部气压成正比，而与温度成反比。这样地壳上层的水的溶蚀能力比地表水及地下深处的水的溶蚀能力更强，尤其是地壳上层经强烈的生物化学作用生成侵蚀性碳酸，加强了地壳上部水的溶蚀能力。但是，地球化学作用的影响也促进了深部岩溶的发育。

（4）水的流动性

水的溶蚀能力与水的流动性关系密切。在水流停滞的条件下，随着二氧化碳不断消耗，水溶液达到平衡状态，成为饱和溶液而完全丧失溶蚀能力，溶蚀作用便告终止。只有当地下水不断流动，与岩石广泛接触，富含二氧化碳的渗入水不断补充更新，水才能经常保持溶蚀性，溶蚀作用才能持续进行。

2.影响岩溶发育的因素

影响岩溶发育的因素很多，除上述基本条件，地质的因素包括地层（包括地层的组合、厚度）、构造（包括地层产状、大地构造、地质构造等）。地理因素有气候、覆盖层、植被和地形等。其中，气候因素对岩溶影响最为显著。

（1）气候影响

从大范围来说，气候是影响岩溶发育的一个重要因素。气候温湿的我国南方，岩溶远较干燥寒冷的北方发育。湿热气候下植被发育，土层生物化学作用强烈，水中富含碳酸及有机酸，又有充沛的降水量，大量富有侵蚀性的水，提供了强大的溶蚀能力。

（2）地层的组合、厚度及产状的影响

根据地层组合特征，碳酸盐地层可粗略地分为：由比较单一的各类碳酸盐岩层组成的均匀地层；由碳酸盐岩层和非碳酸盐岩层相间组成的互层状地层；以非碳酸盐为主，中间夹有碳酸盐类岩层的间层状地层。不同的组合特征构成不同的水文地质断面，同时，也控制了岩溶的空间分布格局。在均匀地层分布区，岩溶成片分布，且发育良好，如广西的阳新统、马平统地层分布区；在互层状地层分布区，岩溶成带状分布，如贵州北部；而间层状地层分布区，岩溶只零星分布，如广西西北部。

在巨厚层和厚层碳酸盐类岩层中，一般含不溶物较少，颗粒粗大，因此，溶解度较大。加之张开的节理裂隙发育，岩溶化程度较剧烈，而薄层碳酸盐类地层则相反。

岩层产状由于控制地下水的流态，而对岩溶的发育程度及方向有影响，如水平岩层中岩溶多水平发育；直立岩层区岩溶可发育很深；倾斜岩层中，由于水的运动扩展面大，最有利于岩溶发育。

（3）构造的影响

岩溶发育与地质构造关系甚为密切，很多典型岩溶区均受构造体系控制。断裂及褶皱构造均有利于岩溶发育，尤其是断裂构造发育的地区，沿断裂破碎带岩溶发育较为强烈，断层的规模、性质、走向，断裂带的破碎及填实状态，都和岩溶发育密切相关。例如，张性断层带岩体较破碎，断层裂隙宽大，破碎带内多断层角砾岩，透水性强，有利于岩溶发育。一般其上盘的岩溶发育程度常较下盘显著。压性断层的破碎带，常形成大量碎裂岩、糜棱岩，胶结好，孔隙率低，呈致密状态，其构造面常起隔水作用但在断层两端，裂隙发育，常形成富水地段，因此岩溶发育。

褶皱构造对岩溶发育的影响：一是控制水流的循环动态，二是受褶皱区的裂隙发育特点的影响。例如，背斜构造为山时构成补给区，为谷时构成汇水区。都因裂隙的发育而促进岩溶的发展，在背斜的轴部和倾伏端，岩溶发育最强烈，向两翼逐渐减弱向斜构造区由于裂隙发育、地下水及地表水的汇集而形成特定的水交替条件，因此，在其轴部及向斜翘端，岩溶最发育，向两翼逐步减弱。

（二）岩溶地貌

岩溶地貌一般分为地表岩溶地貌及地下岩溶地貌两大类型：

1.地表岩溶地貌

（1）溶沟与石芽

雨水在可溶岩表面沿着层面或裂隙流动时，形成一些沟槽，其深度由几厘米到几米或者更大些，浅的叫溶沟，深的叫溶槽，沟槽之间的凸起叫作石芽。在质纯层厚的石灰岩地区，可形成巨大的貌似林立的石芽，称为石林，如云南路南石林，最高可达50 m。

（2）落水洞

落水洞是联结地表水流和地下溶洞暗河的垂直通道，它是渗透水流沿着可溶岩石的裂隙进行溶蚀及机械侵蚀作用的结果落水洞的形态主要受裂隙控制，有垂直的、倾斜的和曲折的三种落。水洞的深度从十几米到几十米，甚至达百余米，直接与水平溶洞或地下河相通；宽度仅几米深度大而垂直的落水洞又称竖井。

（3）溶蚀漏斗

溶蚀漏斗是地面洼地由于汇集雨水沿节理垂直下渗，并溶蚀扩展成漏斗状的洼地，直径一般几米至几十米，底部常有落水洞与地下溶洞相通。

（4）盲谷与干谷

盲谷是一端封闭的河谷。河流前端常遇石灰岩陡壁阻挡，石灰岩陡壁脚下常发育落水洞，使地水流经转为地下暗河，这种向前没有通路的河谷称盲谷。干谷是岩溶地区的旧河谷，由于地壳上升，原地面河水沿落水洞或溶蚀漏斗转入地下，而遗留在地表干涸的河谷称为干谷。

（5）溶蚀洼地

溶蚀洼地为岩溶地区规模较大的封闭或半封闭的洼地，一般是由溶蚀漏斗扩大或相邻溶蚀漏斗合并而成的，其平面形态为圆形或椭圆形，面积数平方千米至数十平方千米。大的洼地叫溶蚀谷或坡立谷，洼地四周为陡壁，底部呈浅凹形或略有起伏，其上覆盖着厚度不等的黏土或碎石，并发育落水洞与溶斗，成为大量吸收地表水流的通道当通道被堵塞而积水时，便形成溶蚀湖。

（6）峰林

峰林是热带、亚热带气候区岩溶作用充分发育条件下的产物。峰林是由于落水洞、溶斗及洼地等负向地貌不断扩大和地下溶洞与暗河的顶部岩层不断塌陷，从而使得巨厚的石灰岩块体被切割成为分离散立的山峰。它平地拔起，形似丛林，故称峰林。著名的桂林山水，峰林挺拔秀丽、千姿百态，极为奇观。

2. 地下岩溶地貌

（1）溶洞

溶洞指地下水流沿着可溶岩的层面、断层面、节理面等进行溶蚀及侵蚀而形成近于水平或倾斜的大型空洞，洞的规模可以很大，长度可达几百米至几千米。洞的形态也是多种多样的，洞内常发育有石笋、石钟乳和石柱等洞穴堆积。洞内溶有重碳酸钙的岩溶水，当温度压力改变时，可逸出CO_2，产生$CaCO_3$的沉淀，形成石灰华。由洞顶渗水形成的垂悬于洞顶的石灰华沉积，叫作石钟乳；渗水滴至洞底，形成自下而上生长的沉积，叫作石笋；当两者相连时，称为石柱。沿洞壁漫溢形成的形似垂帘的堆积物，称为石幔。洞中这些碳酸钙沉积琳琅满目，形态万千。一些著名的溶洞，如张家界黄龙洞、北京房山县云水洞、贵阳南郊白龙洞、桂林七星岩和芦笛岩等，均为游览胜地。

（2）伏流与暗河

伏流与暗河通称为“地下河系”，是岩溶地区的主要水源地面河水潜入地下，流经一段距离之后，又流出地表，这种有进口又有出口的地下潜行的河段，称为伏流，它常发育于地壳上升区暗河是指由地下水汇集而成的地下河道，它有一定范围的地下汇水流域。因此，暗河有明显出口，而无明显入口。高温多雨的热带及亚热带气候区，最有利于暗河的形成。

（三）岩溶与水利工程建设

碳酸盐类岩石在我国分布广泛，仅地表出露的面积就为120万km^2，约占全国面积的12.5%，在一定的水、热气候条件下，能塑造出多种类型，尤以广西、贵州、滇东、湘西、鄂西、川东等地较为集中，在山西、河北、山东和辽宁等地也有分布。岩溶发育对水利工程建设影响很大，主要表现为如下四个方面：

（1）使岩石强度降低岩溶水在可溶岩层中溶蚀，使岩层产生孔洞，最常见的是岩层中有溶孔或小洞，被溶蚀的岩石强度大为降低。

（2）地基承载力减小建筑物地基中如果有岩溶洞穴，将大大降低地基岩体的承载力，容易引起洞穴顶板塌陷，使建筑物遭受破坏。

（3）涌水问题在岩溶区基坑开挖和隧洞施工中，经常遇到涌水或洞穴坍塌问题，岩溶水可能突然大量涌出，造成施工困难。

（4）渗漏问题。在修建水工建筑物时，岩溶会造成库水渗漏，轻则造成水资源或水能损失，重则使水库不能蓄水而失效。

（5）地表基岩面起伏不均。石芽、溶沟、溶槽的存在，使地表基岩面起伏不均。若利用石芽、溶沟或溶槽发育的场地作为地基，则必须做出相应的工程处理。

此外，岩溶地区还易发生地面坍塌、干旱与洪涝、土壤贫瘠和石漠化等环境地质问题。因此，充分认识岩溶作用和岩溶现象，对岩溶地区修建工程建筑有着重要意义。

二、第四纪沉积物

（一）第四纪沉积环境的一般特征

（1）第四纪沉积基本上是一个连续的层圈。在现今地球表面的任何地方，包括大陆和海洋的各个角落，都有第四纪沉积物分布。

（2）第四纪沉积主要由尚未胶结成岩的松散沉积物构成，只有在少数情况下才能见到已成岩的第四纪沉积。所以，第四纪沉积常被称为沉积物，而不称为岩石。

（3）组成第四纪沉积的沉积物包括陆相沉积物和海相沉积物，其中，陆相沉积物类型复杂多样，而海相沉积物类型比较简单。

（4）第四纪沉积由于其松散性，而处于不稳定状态。第四纪沉积除了受外力作用被再次搬运、沉积外，在其内部由于生物与水的作用，也在不断地发生物质的移动。相对来讲，海相沉积物尤其是深海沉积物要比陆相沉积物稳定得多。

（5）第四纪沉积的厚度变化较大，其中，陆相沉积物的厚度可以从几厘米到几千米，而海相沉积物的厚度较薄，一般仅厚几米到几十米，变化幅度也较小。

（6）第四纪沉积的分布、厚度及组成物质与地貌关系密切，例如，河流沉积的分布及特征与阶地有关，而风沙沉积与沙漠有关。

（7）第四纪沉积中的生物化石以哺乳动物为特征，而人类化石及其文化遗存则更为第四纪沉积所特有。

（二）第四纪沉积物成因类型及其工程地质特征

沉积物成因类型的判别是一项重要而又复杂的工作，由于各种地质现象的多解性，沉积物成因的判断比较困难，其主要依据为沉积物产出部位的地貌、沉积体的形态、沉积物的结构和构造、沉积物的物质组成、生物化石的种类及排列方式、地球化学指标。

第四纪沉积物的成因类型复杂多样，但根据沉积物形成的环境和作用应力，可以按照成因把沉积物分为三大类（陆相、海陆过渡相和海相），共包含15个成因系列、18个成因组、44种成因类型，而44种成因类型又可进一步划分为若干亚类。其中，常见的沉积物及其工程地质特征叙述如下：

1.残积物

残积物是指原岩表面经过风化作用而残留在原地的碎屑物、残积物，主要分布在岩石露出地表及经受强烈风化作用的山区、丘陵地带与剥蚀平原残积物组成物质为棱角状的碎石、角砾、砂粒和黏性土。残积物裂隙多、无层次、不均匀，如以残积物作为建筑物地基，应当注意不均匀沉降和土坡稳定问题。

2.坡积物

山坡高处的碎屑物质，经过降水或雪水洗刷破坏搬运和堆积在斜坡的凹处或坡脚处，这种堆积物称为坡积物，其成分由斜坡上的母岩成分和风化产物决定。组成颗粒由坡积物坡顶向坡脚逐渐变细，坡积物表面的坡度越来越平缓，由于搬运距离不远，磨圆度差，分选不良坡积物较疏松，孔隙度高、压缩性大，若为建筑物地基，应当注意不均匀沉降和稳定性。在开挖基坑和边坡时，坡积物易发生滑塌。

3.洪积物

由暂时性洪流搬运、沉积而形成的堆积物称为洪积物。由于其形态似扇状或锥状，故称之为洪积扇或洪积锥。相邻沟谷的洪积扇相互连接起来则形成洪积裙，洪积裙再不断地重叠堆积就形成了山前倾斜平原。洪积物主要分布于西北和华北地区，其厚度可达几百米。

洪积物的物质组成有一定的变化规律。山口附近以粗粒物质为主，由大量的块石、巨砾夹沙组成，在洪积扇边缘的物质颗粒较细，主要由亚沙土、轻亚黏土及黏土组成。洪积物的厚度呈明显的规律性变化，在山口处厚度大，向扇体边缘逐渐变薄。

洪积物的粗粒物质，孔隙度大，透水性强，地下水埋藏较深其强度较高，压缩性小，是良好的建筑基地，但对水工建筑物则存在渗漏及渗透变形问题。洪积物的细粒物质，透水性弱，压缩性大，不宜做大型建筑物地基。在粗粒与细粒堆积的过渡带，常有地下水溢出地表，往往形成沼泽地带，土质软弱，强度低，不宜作为建筑物地基。

4.冲积物

由河流搬运、沉积而形成的堆积物，称为冲积物。冲积物的特点是：山区河谷只发育单层砾石结构的河床相沉积，而山间盆地和宽谷中有河漫滩相沉积，其分选性差，具透镜状或不规则的带状构造，有斜层理出现，厚度不大，一般不超过10 ~ 15 m，多与崩塌堆积物交错混合。一般来说，平原河流具河床相、河漫滩相和牛轭湖相沉积。正常的河床相沉积结构是底部河槽被冲刷后，成为由厚度不大的块石、粗砾组成的沉积；中间是由粗沙、卵石土组成的透镜体；上面为分选性较好的具斜层理与交错层理、由砂或砾石组成的滨河床浅滩沉积。河漫滩相沉积的主要特征是上部的细沙和黏性土与下部河床相沉积组成二元结构，并具斜层理和交错层理构造。牛轭湖相沉积由淤泥质和少量黏性土组成，含有机质，呈暗灰色、黑色、灰蓝色并带有铁锈斑，具水平层理和斜层理构造。冲积物的工程地质性质视具体情况而定。河床相沉积物一般情况是颗粒粗，具有很大的透水性，是很好的建筑材料；但当其为细沙时，饱水后在开挖基坑时往往会发生流沙现象，应特别注意。河漫滩相沉积物一般为细碎屑土和黏性土，结构较为紧密，易形成阶地，大多分布在冲积平原的表层，作为各种建筑物的地基，我国不少大城市如上海、天津、武汉等都位于河漫滩相沉积物之上。牛轭湖相沉积物因含大量的有机质，有的甚至形成泥炭，故压缩性大、承载力小，不宜作为建筑物的地基。

5.淤积物

一般由湖沼沉积而形成的堆积物称为淤积物。淤积物主要包括湖相沉积物和沼泽沉积物。湖相沉积物包括粗颗粒的湖边沉积物和细颗粒的湖心沉积物。湖心沉积物主要为黏土和淤泥，夹有粉细沙薄层和呈带状黏土，强度低，压缩性大。湖泊逐渐淤塞和陆地沼泽化则演变成沼泽。沼泽沉积物即沼泽土，主要由半腐烂的植物残余物一年年积累起来而形成的泥炭所组成，而泥炭的含水量极高、透水性很低、压缩性很大，因此，不宜作为永久建筑物的地基。

6.冰积物

凡是由于冰川作用形成的堆积物均称为冰积物。冰积物可分为冰碛和冰水沉积两种类型。

冰碛是冰川携带的物质直接堆积起来的，其特点是没有分选性，没有层理，粒度大小极不均一，往往由漂砾、砾石和黏土等混杂在一起。冰碛砾石上常有丁字形擦痕，砾石上有凹槽、压坑等现象。冰碛一般较密实，孔隙率较低，压缩性小，强度较高，作为一般建筑物地基还是比较好的，但必须注意冰碛结构的不均一性和厚度的变化，以及有时可能存在的空洞（冰夹层融化后留下的）和局部承压水，这些都将使工程地质条件复杂化。

冰水沉积是冰川的融水所沉积的物质。由于经历了一段水流的搬运，故冰水沉积物具有明显的层理，其物质成分主要是黏性土，有时夹有薄层的砂或透镜体，常形成很致密且层理清晰的冰川纹泥。冰川沉积物在山麓地带常形成大面积的厚层冰水平原，作为建筑物地基时，要特别注意不均匀沉降问题。

7.风积物

风积物是指经过风的搬运而沉积下来的堆积物。风积物主要以风积沙为主，其次为黄土。风积物成分由沙和粉粒组成，其岩性松散，一般分选性好、孔隙度高、活动性强，通常不具层理，只有在沉积条件发生变化时才产生层理和斜层理，工程性能较差。

（三）第四纪沉积物的年代判别

1.相对年代的判别办法

（1）生物演化序列法

利用生物演化的不可逆性，可以根据包括哺乳动物、植物、微体古生物等生物化石的进化特征来建立沉积的时间序列，其中，以哺乳动物的时代意义最大。由于第四纪时间短暂，动物进化特征不甚明显，一般情况下缺乏标准化石。因此，年代的确定主要依据动物群组合的特点来进行。

人类化石及其物质文明的出现和发展，具有重要的时代意义，第四纪沉积圈中丰富的石器、陶器、骨器及人类化石本身都是确定时代的重要标志。

（2）气候变化序列法

第四纪气候发生过多次周期性的波动，这种气候的波动具有全球一致性，可以用于时间序列的建立。古气候变化在第四纪沉积体留下种种痕迹，它们反映在动植物化石、岩石矿物、地球化学等各个方面，通过综合分析这些标志，我们可以得到区域气候变化的序列，并以此为基础建立时间序列。

（3）构造运动序列法

新构造运动具有周期性，而且在区域甚至全球范围内具有可比性。因此，可以借助于构造运动的序列来建立第四纪时间序列。

新构造运动主要表现在沉积物的地貌分布，沉积层的形成和沉积体内不整合面（古地貌面）的存在上。

（4）地质事件序列法

地质事件主要是指灾变事件，包括风暴（海啸）事件、缺氧事件、富氧事件、生物大规模绝灭事件及天外星体碰撞地球事件等，这些事件以突然发生和具非周期性为特点，它们产生的能量巨大、影响面广，在沉积体中留有明显的标志，根据这些标志，我们可以建立地质（灾变）事件发生的序列。

（5）地磁极性倒转序列法

第四纪期间，地磁场的极性发生过多次倒转，而且具有全球同步性。根据沉积物的磁性特征，我们可以建立极性变化序列。

根据上述方法，可以区别第四纪各种沉积层形成的先后顺序，并了解其形成的相对年龄，从而建立沉积时间序列。

2.绝对年代的判别方法

（1）^{14}C测年法

含碳物质一旦停止与大气的交换（如：生物的死亡、碳酸盐沉积而被埋藏等），则^{14}C得不到新的补充，而原有的^{14}C仍按衰变指数继续减少，且每隔5730年（^{14}C的半衰期）减少原含量的一半，以此类推，时间越久则含量越少。只要我们测出含碳物质中^{14}C的残余含量，就可以计算出该样品与外界停止^{14}C交换后所经历的年代。

用于^{14}C测年的主要样品类别主要有植物体、木炭、炭化木、泥炭、土壤、动物骨骼、贝壳、碳酸钙沉积。

（2）热释光法（TL法）

一些不导电的晶（固）体物质，在放射性射线辐射之下，以其内部电子的转移来储存辐射能量。其方式是晶体在周围放射性元素放射出来的α、β、γ射线辐照下产生电离，大部分电离产生的能量以晶体发热的形式被消耗掉，有一小部分电子则被晶格缺陷所俘获，并留下空穴。这些落入陷阱的电子必须有足够的动能，才能重新从陷阱中逸出而与空穴复合。在常温下，电子在陷阱中的状态是稳定的，只有在加热的情况下，陷阱中的电子动能增加，被俘获的电子才能从陷阱中逸出，与空穴复合并以光量子形式释放出能量，称之为热释光。

热释光测年就是利用热释光技术，测定各类样品最后一次受到热事件或在阳光晒退归零以后，晶体物质被埋藏并再次遭受周围放射性元素辐射所重新积聚的能量，这种能量可以通过人工晒退来求得，它是时间的函数，可以反映上次归零以后能量重新积累的时间。

（3）电子自旋共振测年法（ESR法）

其基本原理与热释光法类似。样品在其所处的自然条件中，遭受铀、钍、钾等放射性元素和宇宙射线的辐照，产生晶格陷阱，这些晶格陷阱可被ESR技术探测到。晶格陷阱的数目与样品所受天然辐射总剂量（AD）成正比，亦即与年龄成正比，即：

$$t = AD / D \tag{4-4}$$

式中，t——样品年龄；

AD——样品所受天然辐射总剂量；

D——年辐照剂量。

（4）裂变径迹法

样品中的 ^{238}U 在受到足够能量的粒子轰击时，就会发生裂变，裂变中所产生的核辐射在射入周围绝缘材料或矿物时，不断俘获沿途电子，而使它们所途经的路程周围产生辐射损伤区，这就是裂变径迹。单位体积内裂变径迹的数目与矿物中铀的含量、^{238}U 裂变速度及矿物累积径迹的时间（年龄）成正比，即裂变径迹的数目与年龄成正比。裂变径迹的数目可以在显微镜下测读获得。

其样品一般选用铀元素含量较高的矿物，如：锆石、磷灰石、石膏、石英。

第五章　地下水的形成及其水循环

地下水循环是指含水层中地下水交替更新的过程。大气降水和地表水渗入地下岩（土）体成为地下水，并在岩（土）体中流动，至排泄处或揭露点排出，构成一个补给—径流—排泄的地下水循环过程。

第一节　地下水的相关概念

地下水是存在于地表以下岩（土）层空隙中的各种不同形式的水的统称。地下水是地表水资源的重要补充。虽然地下水资源量在我国各大流域基本小于地表水资源量，但由于地下水对维持水平衡具有重大作用，同时，地下水具有难以再生性的特点，因此，对地下水的资源量的勘察是非常重要的。我们要根据地下水的补给、径流与排泄形式及其资源总量，确定其可以利用的量，保证水资源的可持续发展。

地下水基本规律是由地下水水文学这一学科进行研究的，地下水水文学的发展经历了以下的过程：

1856年以前的萌芽时期——由先民的逐水而居到逐渐凿井取水，开始认识并积累地下水知识，同时，也可以认为，正是由于正确掌握了地下水的有关知识，人们才可以成功地凿井取水，从而不必过分依赖河流，使人类的居住范围得到了大范围的增加。

1856年到20世纪中叶的奠基时期——从1856年开始，法国水力工程师达西通过试验及计算分析，提出了著名的“达西定律”，为地下水从定性到半定量计算提供了理论依据，使得人类对地下水的利用可以达到一种可控状态。

20世纪中叶到20世纪90年代——泰斯非稳定流理论的提出是该阶段的主要标志，同时，计算机技术的应用为求解这些较复杂的公式提供了快捷的方式。

20世纪90年代以后——主要致力于地下水与环境可持续发展，数值模拟的方法与软件的出现为这种大范围的复杂的定量计算提供了可能。

目前，水文地质领域内常用的数值模拟方法有：有限差分法（FDM）、有限单元法（FEM）、有限分析法（FAM）和边界单元法（BEN）等。当前，有很多用于数值模拟的软件。在常用软件中，MODLOW是一组软件，专门用于模拟20世纪80年代美国地质调查局开发的多孔介质中的地下水流速现场授权软件。该软件已广泛用于科研、生产、城乡发展规划、环境保护和水资源利用等许多行业和部门，并已成为最受欢迎的地下水运动数值模拟计算机程序。

一、概述

（一）地下水资源的特点

作为自然资源，地下水资源不同于矿物质和地表水资源，并具有显著特征。

1. 系统性和整体性

地下水存在于复杂水体的地质体（水文实体）中，并受各种自然和人为因素的控制。根据存在地下水的地质环境和地下水循环流出的特性，可以分为含水系统和流动系统，也称为地下水系统。地下水系统具有不同级别的单元，并且彼此连接并且相互影响。地下水系统仅限于与外部环境相互作用并交换能量，数量、质量和热量而系统各个级别的单元都是独立且相互连接的。也就是说，每个单元都有其自己的配置和行为。道路相互连接并相互作用。例如，由几个含水层组成的含水层系统每个含水层都可以被视为具有其自身结构特征及补给，排水和排水方法的独立设备。如果含水层受到外部影响（例如，降水补充、人工泵送等）的影响，其他含水层的数量、质量和能量的变化，可能会改变整个含水层系统的存储、释放、传导和调节。因此，应将含水层系统的总体目的作为研究各个单元之间关系的基础。在开发利用地下水资源时，有必要从整体上考虑含水层系统的取水系统，找到充分开发利用地下水的最佳系统。

2. 流动性

地下水是一种动态资源，因为地下水是流动性的并且与周围环境（气候、水文条件、地质条件等）密切相关，并且在补给，径流和排水过程中地下水不断流动。随着外部环境的变化，数量、质量和热量会不断变化。

3. 循环再生性（又称可恢复性）

通过水文循环实现循环利用。在自然条件下，地下水资源会随着全年和每年的气候，以及季节变化而变化。在旺季或旺季获得补给，在旺季时通过流出或蒸发排出形成每年重复的地下水循环。在开环条件下，只要开环量不超过总电源，就可以通过外部充电实现补偿。地下水资源的可再生性与地下水系统的开放性密不可分。浅层地下水系统与大气和地表水系统密切相关，积极参与水循环，地下水资源具有良好的可重复性。深水与外界的水力联系相对较弱，水循环缓慢，地下水资源再生差地下水资源的可再生性，确保了地下水资源的可持续利用。

4. 调节性

协调地下水资源的可能性通常以水量表示。由于含水层中的地下水始终处于更新和消耗新水和现有水的过程中，因此，补给和消耗随年份或季节而变化，尤其是补给量随时间而显著变化。如果补给量丰富且消耗量过多，则含水层会积聚过量的水，从而增加地下水的存储量；如果补给量较低或暂时停止，则可以使用所存储的地下水来维持消耗量并减少存储量。这种存储的多样性在地下水补给、流出、排水和采矿中起着调节作用。该矿物不可用于其他矿物资源。

（二）地下水资源评价的原则

1. 可持续利用原则

应该在可持续发展的前提下对地下水资源进行评估。可持续发展理论的实质是强调在不损害满足子孙后代能力的前提下，满足现代人需求的资源、经济增长、环境保护和社会发展的统一使用。地下水的可持续利用是在确保良性的生态循环来满足经济增长和社会发展需要的前提下，持续不断地提供一定数量的水资源。在评估该地区的地下水资源时，应提供现在和将来可以连续使用的水量，而不会产生生态和环境影响。

2. “三水”相互转化，统一评价的原则

大气降水、地表水和地下水相互联系并转化在一起。地表水和地下水都从大气中补充，并通过蒸发排放到大气中，地下水和地表水不断地相互交换以交换水。例如，河流的基本流量从地下水转化而来，而从河岸开采地下水时，地下水补给量的增加主要来自河流。因此，在评价地下水资源时，必须考虑水资源总量，避免重复计算实行综合评估、综合规划，合理开发利用地下水和地表水。

3. 以丰补歉，调节平衡的原则

在实践中，常选用年或地下水，尤其是浅层地下水的补给主要来自降水入渗，因此，地下水的补给量不仅有季节性变化，而且还有年际变化。在地下水资源评价多年平均补给量作为评价标准。要充分利用地下水的调蓄作用，允许在枯水年份借用储存量，以满足用水部门对地下水的需求，同时，腾出储水空间待丰水年得以补给恢复，从而达到多年平衡，即“以丰补歉、调节平衡”。这一原则对于以间歇开采为特征的农业灌溉用水来说更具有重要性。

（三）地下水资源评价的内容

地下水资源评价主要包括以下几个方面：①根据地下水资源的特点和用水需求，对地下水进行评价，对开地下水利用进行规划，确定开采量的配额，并核实地下水补给保证；②地下水水质评价，按照不同用水户的水质要求，进行物理性质和化学成分的评价，论证当地下水开采利用之后地下水水质的变化趋势；③开采技术条件评价，计算在整个开采利用地下水资源的过程中，地下水位的最大下降值是否满足开采区内各点最大的水位下降允许值；④环境影响评价，阐明在开采利用地下水资源之后，由于地下水下降而引起的环境地质问题；⑤防护措施评述，提出开采利用地下水资源时是否需要特殊的防护措施等。

二、地下水资源量计算

由于地下水资源具有可恢复性、流动性、调节性等特点，所以对地下水量的准确表达较为困难，不同国家出现了许多不同的术语和分类。

（一）补给量及其计算

补给量表示在自然或采矿条件下，每单位时间通过各种通道进入含水层的水量。它可分为天然补给量和补给增量。

1.天然补给量

天然补给量是指天然条件下汇入含水系统中的水量。按补给水进入含水系统的方向，分为垂向补给和侧向补给（凝结水补给两者兼有）。垂向补给一般指大气降水的入渗补给和相邻含水层的越流补给。侧向补给是经上游边界流入含水系统中的水量，也称地下水的天然流量。

2.补给增量

补给增量是指在开采条件下，除去天然补给量外，尚能夺取的额外补给量，也称开采补充量（或诱发补给量、激发补给量、开采袭夺量等）。开采时能否夺取这部分补充量，取决于开采区水文地质条件和开采强度等因素。常见的补给增量由下列来源组成：

（1）地表水中的增量补给

在进水工程接近地表水时使用地下水，可以将水滴漏斗扩展为地表水，以增加最初供应给地下水的地表水补充量，从而创建不补充地下水甚至不补充地下水的地表水体、地下水。

（2）由于沉降渗透，补给增加

由于漏斗被淹没，用于地下水抽取的滴液漏斗的形成增加了部分沉积物的体积和一部分，并增加了一个存储空间，用于补充漏斗区中未沉降的区域（例如，沼泽、湿地等）。为了保护它，增加降水入渗补给。此外，由于地下水盆地的外部扩张，沉积物的渗透和补给面积增加了，因此，最初在相邻平衡点（或水文地质单位）中的一些沉积物渗透在该漏斗区被补给了。

（3）增加相邻含水层的补给量

随着采矿含水层中水位的降低以及与相邻含水层的水位差的增加，溢流增加，或者相邻含水层从原始采矿含水层获得过电流补给，并成为补给采矿层。

（4）相邻地块含水层中的横向补给增加

由于着陆漏斗的膨胀，可以捕获属于另一个平衡点（或含水层系统）的地下水的侧向补给量，或漏斗液位降低会增加侧面的补水量。

（5）各种人工补充的补品

包括通过增加各种人工水的补给量而获得的补品，这些人工水包括特殊的人工补给地下水，以及补充人工和灌溉渗漏。

可以看出，这仅仅是根据上述补充物增加的原因计算出的蓄水层或蓄水层系统之外的水。就地下水资源总量而言，这里的补给量将增加邻近地区和邻近层的地下水资源，从而影响开发和利用。鉴于“三水”转换后的水资源总量，将获得大量的河流补给，这将减少地表水资源，并影响河流的规划，开发和利用。因此，不可能在开采期间盲目扩大供应增量。

地下水的供应和排水通常处于不平衡状态，地下水位始终会随时间变化，因此，地下水的存储也会随时间变化。在自然条件下，地下水储量会随着水文气象周期而周期性变化，其中通常包括多年周期与年周期不同。通常，最大和最小存储量应在一年内计算。在采矿条件下，如果采矿量不大于补充量，则存储量将继续定期更改。当采矿量超过补给量时，存储量用于补偿多余的开挖量，并且存储量倾向于每年减少。

储存量又可按其是否参与天然条件下水的转换，分为永久储存量和暂时储存量。

永久储存量是指一定期限内的最小储存量，即多年最低水位以下的不变重力水量，又称静储量，它是在一定周期内不变的储存量。永久储存量具有流动和更换性质，但一般情况下，不作为开采资源。只在特殊情况下，可开采部分永久储存量，保证应急供水，例如，战争时期、救火用水等。

暂时储存量是指最大与最小储存量之差，即含水层最高水位与最低水位之间的重力水体积，又称调节储量。暂时储存量的补给来源为水体的垂直入渗、越流补给和侧向流入。它可以转化为地下径流，也可因蒸发而排泄。开采利用消耗之后，可望在补给期得到恢复，具有明显的季节性变化规律。天然条件下，补给量大于消耗量时，暂时储存量增加，表现为正均衡；反之，表现为负均衡。因此，暂时储存量是反映地下水补排关系及调节均衡的一项重要指标。

（二）允许开采量及其计算

允许开采，也称为可开采或可开采资源，是指技术上经济上合理的取水结构，在整个开采期间内水产量没有减少，动态水位不超过设计要求。可以在允许范围内改变水温，而不会影响已建立水源的正常开采，也不会造成有害的环境地质问题，时间单位可以在含水层系统或进水段常用的单位中得到。换句话说，允许的开采量是使用合理的水提取项目每单位时间可以从含水系统或水提取单元获得的最大出水量。

允许的挖掘与挖掘不同。开采量是取水项目的地下水资源量，反映了取水项目的水生产能力。挖矿量不能大于允许的挖矿量，否则可能会产生副作用。允许的开发量取决于地下水的补给和存储，并受技术和经济条件的限制。

地下水配额计算是评估地下水资源的关键问题。目前，地下水配额的计算方法有数十种，根据主要的理论基础，必要的信息和计算方法的相应条件，可以将其分为基于渗透理论的方法，如分析方法和数值方法。基于统计理论的方法，例如，系统理论方法、相关外推法、Q-S曲线外推法：抽水试验法等；基于相似度比较理论的方法，例如，直接比较方法和间接比较方法。受篇幅所限，这里仅介绍几种简单的计算方法。

1.实际开采量调查

该方法适用于浅层地下水开发和利用较高的地区，对室外水量的测量统计更为准确，潜水较少且水动力学相对稳定的地区。如果年初和年底的浅层地下水位基本相同，则该年的实际浅层地下水使用量，可以大致代表该地区多年来的平均浅层地下水使用量。

2.开采系数（可开采系数）法

该方法适用于浅层地下水具有一定开发利用水平，并积累了长期的水动力学研究和统计资料的高级水文地质研究领域。

3.水均衡法

根据某一计算区的含水层，在补给和消耗不均衡发展中，任一时间的补给与消耗差，均等于这个计算区含水层中水体的变化量（即储存量的变化）。

三、地下水水质评价

地下水质量评估是地下水资源评估的重要组成部分。根据国家现阶段发布的法规和标准，按照技术要求进行地下水采样和分析，根据各种用途的水质要求进行地下水质量评估，开通地下水后可以改变水质。建议提供卫生保健和护理。

（一）饮用水的水质评价

饮用水的水质状况直接关系到人体健康，其洁净与安全就显得尤其重要。各个国家针对每种地理环境、人文和水资源建立了一套饮用水水质标准，以确保饮用水的安全性和可靠性。随着经济条件和卫生条件的提高，对饮用水水质的要求更加严格，饮用水标准也在不断发展，所以水质评价必须以最新的标准为依据。

（二）农田灌溉用水水质评价

灌溉水的水质主要与水温、矿化和溶解盐有关。同时，有必要考虑由于人类对农作物和土壤的污染而导致的灌溉水的有毒有害因素。

灌溉水中的水温应适当。10 ℃ ~ 15 ℃适用于中国北方地区，15 ℃ ~ 25 ℃适用于南方水稻地区。水温高或低不利于作物生长。由于地下水的温度通常低于农作物所需的温度，因此，用井水灌溉通常使用抽水和干燥来提高水温。

灌溉水的盐度不应太高，并且不利于作物和土壤的生长。通常，不超过1.7 g/L是合适的。但是，土壤的原始盐分含量、气候条件、土壤特性、埋深、排水条件、灌溉和耕作方法等一系列因素，决定了不同地区的农作物对灌溉水盐分的适应性不同，如果大于1.7 g/L，则取决于农作物的类型和含盐量。不同的农作物具有不同的耐盐性，例如，在华北平原灌溉盐度小于1 g/L的水通常会导致作物正常生长；在盐度为1 ~ 2 g/L的灌溉中，稻米和面条正常生长，小麦的生长受到抑制。

水中的盐分也是影响作物生长和土壤结构的重要因素。对农作物生长最有害的是钠盐，尤其是碳酸钠，它会破坏农作物的根部，导致农作物死亡并破坏土壤的总体结构。它可以防止农作物正常生长和枯萎。对于渗透性土壤，钠盐的可接受含量通常为碳酸钠1 g/L；氯化钠2 g/L、硫酸钠5 g/L水中的某些盐对作物生长无害，例如，碳酸钙和碳酸镁。又如，硝酸盐和磷酸盐具有肥料作用，并且对农作物的生长有益。

（三）工业用水水质评价

1.锅炉用水水质评价

不同的工业生产对水质有不同的要求。锅炉用水是工业用水的基本组成部分，因此，对工业用水的水质评价，一般首先对锅炉用水进行水质评价。

2.水的侵蚀性评价

地下水中含有某些对建筑材料中的混凝土和金属具有腐蚀性和腐蚀性的化学物质。如果建筑物经常受到地下水的影响，则必须评估地下水的侵蚀程度，以确保建筑物的安全性和使用寿命。

《岩土工程勘察规范》规定，在对混凝土侵蚀性进行综合评价时，除考虑水中的化学组成外，还应考虑场地环境、气候、土层的渗透性等综合影响。

第二节　自然界中的水循环与地下水的形成

一、水循环的过程与理解

地球的水态包括固体、液体和气体，并且地球上的大部分水都在大气、土地、湖泊、河流和海洋中。水是通过物理作用从一个地方流到另一个地方的，例如，从河里流入大海的水（例如，蒸发、沉淀、渗透、地表流和地下流）。水循环是指自然界、大气层、岩石圈和生物圈中水通过各种联系不断运动的过程，是自然环境中质量传递和能量交换的基本过程之一。水循环是指地球上其他地方的水，吸收太阳的能量并将其状态更改为地球上其他地方的水。例如，地面上的水被太阳蒸发成空气中的水蒸气，在某些地方形成雨水并落到地面上。

地下水是自然界水的一个组成部分，并参与自然界水的总循环。地下水循环从水文地质角度而言是指地下水的一个完整的补给、径流、排泄的全过程。其中，充水是指地下水的形成，地下水的形成是通过地表水的渗透或沉淀形成地下水的过程，流出是指地下水在地下含水层系统中的运动，排水是指地下水转化为地表水或大气水。

大自然的水分布在大气、水圈和岩石圈中，分别称为大气、地表水和地下水。在水文地质学中研究的地下水是自然的一部分。它与大气中的降水和地表水一起形成地球的水球，这实际上是水循环的重要组成部分。

二、自然界中水的分布

自然界中的水，就总量而言是十分巨大的。然而，可供人类使用的淡水资源是相当有限的。

目前，对人类最有用的淡水中约有69%位于人类难以获得的高山冰川上。发达的河流和湖泊仅占世界淡水的0.387%，分布不均。在干旱和半干旱地区，地表水相对稀缺，地下水通常成为工农业生产和城市生活的主要来源之一，并且某些地区也是唯一的水源。因此，地下水的开发利用有着非常重要的意义。

三、自然界的水循环

水在太阳辐射热的作用下，从河湖海及岩土表面和植物叶面不断蒸发和蒸腾，以蒸汽形式进入大气中，并随之移动。在适当的条件下，凝结成固态或液态的水，以各种不同的形式：雨、雪、霜、露、雹降落到海面或陆面。降至陆面的水，一部分就地蒸发；一部分转为地面径流，汇入河湖海；另一部分渗入地下形成地下水。地下水在径流过程中，一部分再度蒸发重新进入大气，一部分再度排入河湖海。这种蒸发、降水、径流的过程，在全球范围内时刻都在周而复始地进行着，形成了自然界中极为复杂的水循环。

水循环按其范围的不同，分为大循环和小循环。所谓的大循环是指地球在大气、水圈和岩石圈中的整个循环；而小循环则指陆地或海洋本身范围内的循环。

四、岩石的空隙性

有许多不同数量、大小和形状的孔隙，无论是组成地壳的沉积物还是硬岩石，没有空隙的岩石不存在，即使是非常致密且坚硬的花岗岩也有一定的裂缝。岩石中的空隙是地下水的储存地点和地下水的运输路径。空隙的数量、大小、形状、连通性和分布在地下水的分布和移动中起着重要作用，通常根据空隙和发育中的岩石的形状将它们划分为松散岩石中的孔隙、坚硬岩石中的裂隙和可溶岩石中的溶隙三大类。

（一）孔隙

松散的岩石由不同大小的颗粒组成，这些颗粒或一组颗粒之间有空隙。衡量孔隙多少的定量指标称孔隙率，可表示为：

$$n=\frac{V_u}{V}\times 100\% \qquad (5\text{-}1)$$

式中，n——岩石的孔隙率；

V_u——岩石中孔隙的体积；

V——岩石总体积。

松散岩石的孔隙率与固体颗粒的密实程度有关，如颗粒为等径圆球，并按图的形式排列在一起，即按四方体排列，则其孔隙率为47.64%。如果将上层的圆球放在下层四个相邻圆球形成的凹部，即按四面体排列，则其孔隙率为25.95%。其他形式排列的孔隙率介于上述两者之间，平均值约37%。

孔隙率的大小与圆球形颗粒的直径无关，但是大直径的空隙体积要比小直径的空隙体积大。

松散沉积物的孔隙率，受颗粒大小、分选程度、颗粒形状、颗粒胶结程度等影响。某些典型沉积物孔隙率变化范围参见表5-1。

表5–1　沉积物的孔隙率范围

沉积物	孔隙率（%）
分选性好的沙或砾	25 ～ 50
沙砾混合物	20 ～ 35
冰渍物	10 ～ 20
粉沙	35 ～ 50
粉土	33 ～ 60

实际上，我们经常面对这样的现象：颗粒越细，孔隙率越大。当它们连接以形成颗粒的聚集体以形成结构孔时，孔隙率超过了理论最大值。

（二）裂隙

固体岩石中的裂缝状孔隙称为裂缝。在硬质岩石中，裂缝的长度、宽度、数量、分布和连接在各地都有很大的不同，并且与孔隙相比，存在明显的不均匀性。衡量裂隙多少的定量指标称为裂隙率，可表示为：

$$n_T = \frac{V_T}{V} \times 100\% \tag{5-2}$$

式中，n_T——岩石裂隙率；

V_T——岩石中裂隙体积；

V——岩石总体积。

裂缝率测量通常在岩石露头或隧道中进行。量得岩石露头的面积F，逐一测量该面积上裂隙长度L与平均宽度b，便可按下式计算其裂隙率：

$$n_T = \frac{Lb}{F} \times 100\% \tag{5-3}$$

几种常见岩石的裂隙率见表5-2。

表5–2　几种常见岩石的裂隙率的经验值

岩石名称	裂隙率（%）	岩石名称	裂隙率（%）
各种砂岩	3.2 ～ 15.2	正长岩	0.5 ～ 2.3
石英岩	0.008 ～ 3.400	辉长岩	0.6 ～ 2.0
各种片岩	0.5 ～ 1.6	瑞岩	0.4 ～ 6.7

（续表）

岩石名称	裂隙率（%）	岩石名称	裂隙率（%）
片麻岩	0 ~ 2.4	玄武岩	0.6 ~ 1.3
花岗岩	0.02 ~ 1.90	玄武岩流	4.4 ~ 5.6

表5-2所列各值是指岩石的平均值，对局部岩石来说裂隙发育可能有很大的差别。例如同一种岩石，有的部位裂隙率可能小于1/100，有的部位则可达百分之几十。

（三）溶隙或溶穴

可溶性岩石中的各种裂缝，是由水流长期溶解而形成的特殊空隙，被称为融化间隙或溶洞。用于测量溶解间隔的定量指标称为岩溶速率。可用下式表示：

$$K_K = \frac{V_K}{V} \times 100\% \tag{5-4}$$

式中，K_K——岩石岩溶率；

V_K——岩石中溶隙或溶穴的体积；

V——岩石总体积。

溶隙可发展为溶洞、暗河、天然井、落水洞等多种形态。溶隙和裂隙相比，在形状、大小等方面显得更加千变万化。溶隙的特点就是岩溶率的变化范围很大，由小于1%到百分之几十。常见在相邻很近处岩溶率完全不同，而且在同一地点的不同深度上亦有极大的变化。

五、岩石中水的存在形式

岩石中存在着各种形式的水，通常归为下列两类：

第一，岩石矿物组成的矿物结合水，主要形式为沸石水、结晶水和结构水。

第二，岩石中存在的水，主要形式为结晶水、重力水、毛细管水、固体水和气态水。

（一）结合水

水分子是偶极子。松散的岩石颗粒表面和硬岩石的孔壁表面在分子力和静电吸引的影响下具有表面能，因此，它可以牢固地吸附颗粒和孔壁表面上的水分子并形成薄的水膜。如果表面能大于水分子本身的重力，则岩石孔隙中的这部分水据称能够结合，因为它无法在其自身重力作用下移动。

根据库仑定律，场强与距离的平方成反比。因此，水在颗粒表面的重力吸引力从内到外逐渐减小，并且混合水的物理性质也改变。最接近粒子表面的键数称为吸附剂数（也称为强键数），外层称为薄膜数（也称为弱键合数）。

吸着水，其厚度一般仅相当于几个水分子直径，吸附力数量级达109Pa，具有较大的抗剪强度，不能流动，但可转化为气态水而移动。

薄膜水，其厚度可达几千个水分子直径，颗粒表面对其吸力减弱，有一定的抗剪强度，不传递静水压力。

（二）重力水

对于远离固体表面的部分水分子，重力作用大于固体表面的吸引力，因此，它可以在自身重力（称为重力）的影响下移动。

固体表面附近的重力数受表面重力影响，水分子整齐排列并以层流流动，剧烈运动。

（三）毛细水

表面张力产生毛细现象。水面上方岩石中的小空隙形成了恒定高程的毛细管区毛细管水不受固体表面静电吸引的影响，但受表面张力和重力的影响。由地下水面支撑的毛细水，称为支持毛细水；在细粒层和粗粒层交互成层的松散岩石中，当地下水位下降时，在细粒层中残留脱离地下水位的毛细水，称为悬挂毛细水；在粗粒层的颗粒接触处残留的毛细水，称为孔角毛细水。

（四）气态水、固态水

气态水存在于不饱和岩石孔隙中。气水与大气中的水蒸气密切相关，可以随空气移动，并且即使在没有空气流动的情况下，也可以在水蒸气压力高（绝对湿度）且方向小的地方移动。在某些温度和压力条件下，气体和液体的数量会相互转换，并在它们之间保持动态平衡。

如果岩石的温度低于0 ℃，则空隙中的液态水会变成固体。我国北方的冬季通常会形成冻土。东北和青藏高原的一些地下水多年来一直保持固态，所谓的多年冻土。

六、岩石的水理性质

水的存在形式与岩石空隙大小关系密切。岩石空隙大小控制了岩石空隙中水的存在形式，岩石空隙度控制了岩石对水的容纳能力，但它不能揭示空隙中水的存在形式，无法反映岩石对水的保持、给水和透水等性质，而给水和渗透却是地下水开发利用的关键。例如，黏土的孔隙度通常在20% ~ 40%，但在重力条件下，它的给水与透水能力几乎为零；而砾石的空隙度仅为25% ~ 40%，但在重力条件下，给水体积占含水体积的

80% ~ 85%。

岩石与水作用过程中，所表现的容水、持水、给水和透水性能，称为岩石的水理性质，它是划分含水层与隔水层的重要依据。

（一）溶水性

岩石的溶解度是指岩石容纳一定量水的能力，以水的容量表示。容水度W是岩石中能容纳的最大的水的体积与容水岩石体积V之比，即：

$$W_n = \frac{V_n}{V} \times 100\% \tag{5-5}$$

修复能力通常等于孔隙率（破裂率，岩溶率）。但是，如果没有连通岩石中的某些空隙，则水的容量将小于孔隙度，而对于黏土随水膨胀的情况，则相反。

（二）持水性

岩石的保水能力是指岩石在分子和毛细管力的作用下，在重力作用下可以保持一定量的水。持水性在数量上以持水度，即在重力作用下，岩石所保持的水体积V，与岩石体积V之比，即：

$$W_m = \frac{V_m}{V} \times 100\% \tag{5-6}$$

在重力作用下，可以保留在岩石孔隙中的键和毛细管水的数量越大，岩石孔隙的表面积越大，结合水含量越高，保水能力就越大。例如，黏土的保水能力非常大，类似于保水能力。

（三）给水性

当地下水位下降时，饱和岩石的水和下降范围内的相应支撑毛细带在重力作用下从存在的孔隙中释放出来，这种现象称为岩石供应。供水量是随供水量释放的水量。供水以十进制或百分比表示。

对于均质的松散岩石，供水程度与诸如石版印刷术，地下水沉积深度和地下水减少率等因素有关。

七、含水层与隔水层

地下水在岩石的开放空间中存储和运输，例如，岩石层中的孔隙、硬岩石层中的裂缝、可溶性岩石层中的溶解间隙和洞穴。根据给水量和岩层渗透率，可分为含水层和隔水层。

（一）含水层

含水层是可以穿透并引水的岩石。要形成含水层，必须满足以下条件：

1. 有储水装置

要形成含水层，首先必须有一个良好的储水空间。地下水的分布与岩石的孔隙度密切相关。例如，如果在具有大空隙的砾石层中形成井，则水的数量就很多。

孔隙度很大但孔隙很小的黏性土壤只有在黏性土壤中有更好的裂缝时才能形成，因为它主要填充有结合水、含水层。

2. 地下水储存的地质构造条件

岩石层具有储水空间，即良好的水渗透性，但是为了保护地下水，必须存在某些地质结构条件，这将有助于地下水的积累和存储。例如，在渗透性好的岩石下，存在不透水的岩石（不渗透性或渗透性较弱）或水平通道的阻塞，这允许长时间存储在孔隙中移动的重力的数量。它形成孔隙岩石，填充它们并形成含水层。如果地质结构不利于地下水的存储，则岩石层是可渗透的，但只能用作临时的渗透通道，这种类型的岩石层称为可渗透且无水的岩石层。

3. 补货来源和补货条件良好

岩层具有良好的储水和结构条件，如果没有足够的水源或补给条件差，也仍然不能成为含水层。因此，只有当岩石层具有足够的补给源和良好的补给条件时，才能形成含水层。

由此可见，只有在含水层可以自由进入和离开岩石的空间，并且有适当的地质结构和充足的补给源时，才能形成含水层。这三个条件都是必不可少的。

（二）隔水层

含水层是无法给予或接受的岩石。它可以是饱和的（如：黏土）或非水的（如：坚硬、完整的硬岩石）。含水层相对地存在于含水层中，并且在自然界中绝对没有不可渗透的岩石，并且渗透性强弱，因此，该含水层与含水层是相对的，就像在第四纪沉积物中一样。在该区域，含水层由细砂和沙质砂组成，而黏土层则充当疏水层。在冲积扇的上部和中部，沙子和砾石构成了含水层，而黏土、粉质黏土、淤泥等起着含水层的作用。

上述含水层的构成条件是含水层划分的一般原则，但运用到实际工作中时，含水层、隔水层这种简单的划分尚不能满足生产上的需要，特别是山区基岩地区，这种划分并不完全符合客观实际。为此，还需要有含水带、含水段、含水组、含水系的划分。

八、自然界中的水循环与地下水的形成

（一）水循环的过程与理解

地球的水态包括固体，液体和气体、并且地球上的大部分水都在大气、土地、湖泊、河流和海洋中。水是通过物理作用从一个地方流到另一个地方的，例如，从河里流入大海的水（蒸发、沉淀、渗透、地表流和地下流）。水循环是指自然界、大气层、岩石圈和生物圈中水通过各种联系不断运动的过程，是自然环境中质量传递和能量交换的基本过程之一。水循环是指地球上其他地方的水，吸收太阳的能量并将其状态更改为地球上其他地方的水。例如，地面上的水被太阳蒸发成空气中的水蒸气，在某些地方形成雨水并落到地面上。

地下水是自然界水的一个组成部分，并参与自然界水的总循环。地下水循环从水文地质角度而言是指地下水的一个完整的补给、径流、排泄的全过程。其中，补给是指地下水形成，地下水形成是由地表水或大降水入渗地下形成地下水的过程；废水是指地下水在形成后在地下含水层系统中的运动，而排水是指通过各种方法将地下水转化为地表水或大气水的过程。

（二）自然界中水循环的概念与分类

自然界中各部分水是处于动态平衡的状态中，它们在各种自然因素和人为因素的综合影响下不断地进行着循环和变化。也就是说自然界中的大气水、地表水和地下水并不是彼此孤立存在的，而是一个互相联系的整体。即大气水、地表水和地下水三者之间实际处于不断地运动及相互转换的过程之中，这一过程被称为自然界的水循环。

自然界中的水循环按其循环范围与途径的不同，可分为大循环和小循环。

1. 自然界中水的大循环

在太阳辐射热的作用下，水从海洋面蒸发变成水汽上升进入大气圈中，并随气流运动移至陆地上空，在适宜的条件下，重新凝结成液态或固态水，以雨、雪、雹、露、霜等形式降落到地面。降落到地面上的水，一部分就地再度蒸发返回大气中；一部分沿着地面流动，汇集成为河流、湖泊等地表水；一部分渗入地下成为地下水，其余部分最终流入海洋。

大循环过程：海洋水—蒸发—水汽输送—降水至陆地—径流（包括地表径流与地下径流）—大海。

2. 自然界中水的小循环

自然界中水的小循环是指陆地或海洋本身的内部水循环。这当中有两种情形：一种是从海洋面蒸发的水分，重新降落回到海洋面；另一种是陆地表面的河、湖、岩土表面、植

物叶面蒸发的水分，又复降落到陆地表面上来，这就是自然界水的小循环，又名内循环，也称为局部性的水循环。

（三）地下水的形成与地下水循环

地下水的形成必须满足两个条件：一个要供应水，另一个要有存储水的空间。它们直接或间接地受到气象、水文、地质、地形和人类活动的影响。其中，水分的来源与前述的自然界中的水循环有关，而贮存水的空间对地下水而言，如砂岩、石灰岩、沙卵石层等在条件合适时就可以成为良好的贮水空间，这部分岩土体也就被称为含水层。在野外进行找水钻探工作时要特别注意条件合适的问题，条件不同时哪怕是类似的附近岩层，其水质与水量可能差别很大，所以在钻探时“差之毫厘，谬以千里”的问题经常出现，因此，不要随意移动钻孔位置，更不要减少水文试验与观察，仅凭想当然推论孔内水位情况。

地下水循环指地下水的一个完整的补、径、排过程。它分为浅层、深层和非周期性。浅层循环通常是指地下水循环，其中，水文地质单元的流速很快，含水层中的地下水（通常称为浅层地下水含水层）可以在一个世纪内得到更新。深层循环意味着数十万年或更久。地下水循环只能更新一次。非循环是指没有稳定补给源的地下水含水层的地下水循环。

九、影响地下水形成及地下水循环的主要因素

（一）自然地理条件

在自然地理条件下，天气、水文和地形对地下水的影响最大。大气降水是地下水补给的主要来源，降水的数量和过程直接影响该地区地下水的丰度。在湿润地区，降雨很多，地表水丰富，地下水补给很多，并且地下水普遍丰富。干旱地区也高度蒸发地下水浅层浓缩，补给量少，循环少，形成的矿物质地下水更高。而在其他条件尤其是总的降水量相同的情况下，在山区，特大暴雨由于降水太快，水落入地表来不及渗入就形成地表径流排到地表水中了，对地下水的贡献有时还不如中雨的贡献大。

地表水和地下水在自然水循环中彼此变化，并且彼此密切相关。在地下水补给地下水的地区，既可以补给地下水地下水，也可以通过降水补给地下水，但主要集中在分布有河流和湖泊等地表水的地区。因此，在具有地表水的区域中，可以向地下水供应降水和地表水，同时具有相对大量的水和良好的水质。

在各种地形条件下，地下水的形成差异很大。

（1）在地形平坦的平原和盆地中，疏松的沉积物较厚，地面的坡度较小，并且降水形成的地表径流速率很慢。流域中的地下水很普遍。

（2）在沙漠地区，由于气候干燥，降水少，土壤粗糙，水易于渗透，但地下水补给困难，蒸发力强，无水可渗透。

（3）在黄土高原，物质的稀薄成分和地面的急剧切割无助于地下水的形成，它位于干燥和半干旱的气候区域，并且缺乏地下水。

（4）山地地形陡峭，基岩裸露，地下水主要集中在各种岩石的裂缝中，分布不均。降水受海拔高度的影响，因此，有一种垂直分布的方法，在高山地区，降水丰富，而在干旱地区地表和地下水特别丰富。祁连山、昆仑山、天山等地处中国干旱地区的腹部，高大阻挡了大气中大量的水蒸气，并由高山冰川分布，在干旱地区变成了“湿岛”，为周边地区带来了大量的湿气，提供表面溢出物，为山前的一些平原提供足够的地表和地下水资源。

另外，水的流动是从水位高的地方流向水位低的地方，因此，地形的不同导致地下水的渗透路径也是不同的。

（二）地质条件

影响地下水形成和循环的地质条件主要是岩石性质和地质构造。岩石的性质决定了地下水的储存，这是形成地下水的前提。地质结构决定了具有储水空间的岩石是否可以储水以及储水量。

除晶体和深色岩石外，大多数空隙。硬岩中的地下水存在于由各种内部和外部动态地质过程形成的裂缝中，分布非常不均匀，在松散的岩石层中，地下水存在于由松散的岩石和土壤颗粒形成的孔隙中，分布相对均匀。在一些结构发达的地区，缺陷集中，岩石破裂，各种裂缝集中，地下水集中，缺陷大，附近有脉和带。由于地壳是盆地状的结构，通常在捕获条件下沉积很厚的第四纪松散沉积物，形成优质的地下水，并含有丰富的地下水。地质条件的影响主要包括以下几个方面：

1.岩土体的空隙特性

岩石和土壤空隙的大小、数量、形状、连接程度和分布通常称为岩石和土壤空隙特征。岩土体空隙特性决定着地下水在其中存在的形式、分布规律和运动性质等。

2.岩土体地质构造

地下水的数量、水质、埋藏条件、补给、径流和排水，以及地下水的类型均由地质结构直接控制。例如，可以在合理的光刻条件下，在具有大的沉陷线盆地结构和大缺陷的群中形成大型储水盆地。

3.地貌条件

地貌是内外地质共引力作用的产物。地形直接影响降水。在充填面积和光刻条件相同的条件下，温带地区比陡峭地区更容易接受降水，这有利于地下水的形成。

（三）人为因素

地下水的形成和变化，不能只注意研究自然界条件下的地下水的形成和变化，还要研究人为因素的影响，如开采地下水、兴修水利、矿井排水、农业灌溉或人工回灌等造成的影响。坎儿井引水工程，是干旱地区利用地下渠道截引砾石层中的地下水，引至地面的水利工程。在挖掘过程中，首先钻垂直轴，这称为定位井。找到地下水后，分别沿拟建的运河线上下挖掘竖井，将竖井用作水平涵洞，以进行隧道的定位，排渣，通风和维护。涵洞的第一部分是集水部分，中间部分是载水部分。这种工程可以减小引水过程的蒸发损失，避免风沙，减少危害。

这些与地下水形成有密切联系的各种自然因素和人为因素，称为地下水的形成条件或地下水循环影响因素。由地下水形成条件所决定的地下水的补给、径流、排泄埋藏、分布、运动、水动力特性、物理性质、化学成分，以及动态变化等规律，总称为水文地质条件。

第三节　地下水的补给、排泄与径流

一、地下水的补给

补给地下水会改变水量、水化学性质、水温和含水层运动。保持流动，例如，如果由于结构封闭或气候干燥而无法补给地下水，则地下水的流动会停滞不前。地下水补给研究的主要内容如下。

地下水的补给来源是：

第一，自然补给，包括大气降水、地表水、冷凝水和邻近含水层的补给。

第二，人工补给，包括灌溉水入渗、水库渗漏和人工补给。

（一）大气降水补给

曝气区是通过沉积物补给地下水的枢纽，曝气区的岩性结构和含水量对沉积物的渗透和补给起着决定性的作用。

1. “活塞式”入渗——主要存在于均匀的砂土层中

在降水初期，土壤层干燥，吸水力强，在雨水作用下渗透迅速，沉积物持续一定时间，土壤层达到恒定的含水量。这时，力和重力共同作用：稳定，即进入渗透阶段；沉淀持续一段时间，直到土壤层的湿表面继续支撑毛细管体，水含量恢复，潜水水平上升，即进入渗漏和渗透阶段。

在降水入渗的整个过程中，入渗速率是随时间逐渐变化的，开始时大，后期迅速减小。

2.三种不同时间尺度的补给

（1）短期补给

干、湿季节分明地区一次大雨后形成的补给。

（2）季节性补给

有规律的季节性补给。

（3）永久性补给

湿润的热带地区，长期持续的、向下的入渗补给。

（二）地表水对地下水的补给

包括河流、湖泊和水库在内的地表水都是地下水补给的来源。

河流补给因地而异。也就是说，当使用不同的部件和不同的光刻时，补给量不同并且补给与倍数之间的关系不同。互补关系也不同。

在河流从山区高差大的位置进入山前平原区时，由于地形的变化会造成河流与地下水之间不同的补排关系。山区由于两岸地形较高，导致地下水位也高于河水位，因此，是两岸的地下水补给河水。在刚进入平原区时，由于地形变缓，两岸地下水低于河水，因此，是河水补给地下水。在进入平原区中段以后，降水较少，并且由于农田灌溉的需要，河水量减少，就进入了枯水/丰水模式，即：丰水期河水水量大，能满足农田灌溉的需要，仍然是河水补给地下水；枯水期在经过农业灌溉分流后，河水水量大减，使得地下水水位高于河水，因此是地下水补给河水。而到再下游，由于降水充沛，通常河水位都高于地下水位，因此，也是河水补给地下水。不过由于具体条件不同，不同河流、不同河段，不一定完全按照该幅图的转换模式进行补排关系的转换，需要具体情况具体分析。

在枯水期，河水水量小，补给来源少，地下水水位较低，水量较少，范围也较窄；而在丰水期，河水水量大，补给来源多，地下水水位就很高，基本到河底了，范围也比枯水期广很多；在干枯期，由于河流已经断流，在该处河段河水补给量为零，河底仅存留由于降雨等补给形成的少量地下水。

同时，通过对比，也可以了解常年性河流与季节性河流对地下水的补给的异同点。

（三）凝结水的补给

随着温度降低，饱和湿度降低。如果温度降低到一定程度，则绝对湿度等于饱和湿度。如果温度继续降低，则饱和湿度以上的部分蒸汽会冷凝成水，这要求将气态水转化为液态水。通过凝结作用对地下水进行的补给叫凝结水补给。

一般情况下，凝结水补给地下水的水量是有限的，其作用较小，但在特殊地区如沙漠、缺水少雨地区，若昼夜温差较大时，凝结水对地下水的补给也是不可小视的，它对地下水的补充及对地表作物的生长是至关重要的。

（四）含水层之间的补给

含水层之间的补给包括潜水—承压水之间的补给、越流补给、导水断裂带补给及人工钻孔补给几种。

1.潜水—承压水之间的补给

在承压水头较高且潜水位于承压水的排泄区时，由承压水补给潜水；在潜水位于承压水的补给区，且潜水水头高于承压水水头时，潜水补给承压水。

2.越流补给

溢流补给是指通过弱渗透性岩石层在具有特定水头差的相邻含水层之间进行水交换的过程，通常在疏松的沉积物中发生溢流，而黏土土壤层形成弱渗透性层。

3.导水断裂带补给

导水断裂带补给是指地下含水层之间通过断裂带发生彼此地下水的交换过程。

4.人工钻孔补给

地下含水层通过钻孔发生水力联系，造成这个情况如果不是设计需要引入下层含水层的水造成的话，那就是在钻孔过程中对孔壁的止水措施不严格造成的，可能会造成下层地下水污染上层地下水，带来不可避免的损失。另外，当下层为承压水且水头较高时，很有可能造成孔口作业人员的人身安全事故，因此要特别小心；其他人工工程（如渠道、运河及井等）与地下含水层之间的水力联系，其原理及后果也和钻孔造成的水力联系类似。

二、地下水的排泄

含水层失去水分的行为和过程称为排泄。在排水过程中，地下水的数量、质量和水位会根据条件而有所不同。地下水排水的研究应包括排水路径、排水方式、排水量、排水面积、影响排水的各种因素和规模。统称为排泄条件。

（一）排泄方式

地下水排水方法包括泉（分支排水）、河流（线性排水）、直流排水（一个含水层中的水排放到另一含水层中）、蒸发（地表排水）和人工排水（井、井眼、水道）。

1.泉（点状排泄）

春季是地下水的天然露头，大部分通过点排泄。春季暴露是地形、地质和水文地质条件有机结合的结果，根据春季含水层的类型可将泉划分为下降泉和上升泉两类。其中，下降泉——由上层滞水或潜水补给，通常流量和水质随季节性变化；上升泉——由承压水补给，通常流量与水质均较稳定。

（1）下降泉

根据出露条件可将下降泉分为：

侵蚀泉：地形切割到潜水面，从而导致地下水出露地表形成的泉。

接触泉：地形切割至隔水底板，从而导致地下水出露地表形成的泉。

溢流泉：水流在前方受阻，水位抬升，从而溢流形成的泉。

（2）上升泉

根据出露条件可将上升泉分为：

侵蚀泉：地形切割到潜水面，从而造成地下水出露的泉。

接触带泉：由于水流在前行接触位置受阻，从而将水导入地面的泉。

断层泉：由于水流在断层处受阻，从而将水导入地面的泉。

在实际工作中泉的成因与定名是比较难以准确界定的。

（3）研究泉的意义

泉的研究观察和实验分析通过间接分析提供了直接的水文数据，例如，泉上升、流量、动力学、温度、水化学条件和其他水文方法。弹簧的高度、流量、动力学温度和水化学等信息可以对与弹簧起源有关的地质和水文条件进行全面分析，包括：

①地下水上升；

②岩石的水分；

③含水层的供应和流通条件；

④是否存在脂质结构、缺陷等。

⑤可以直接用作水源吗？

其中，相对含水层和含水层可以通过泉露头两侧岩石层的平板和含水量来确定并找到相邻井的位置；根据泉的流量大小及泉出露处断层的岩性，推断出深部断层导水性的好坏，以确定适当的取水位置；根据泉的温度可以推断出地下水循环的深度可以判定持续供水的可能，以及确定补给保护区域的位置；根据泉流量大小及水化学特征，推断出补给与径流条件的好坏，也就可以进一步确定其持续供水能力。

另外，在泉的利用中，还有具有各种经济价值的泉值得我们研究及勘察。由于地下水出露地表的过程不同，水体周围地质环境条件的差异，有可能形成各具特色的温泉，如具有医疗价值的矿泉水，甚至还有具备工业开采价值的矿泉水等，有的可能形成具有独特的旅游价值的泉等。

2.河流（线状排泄）

河流（线状排泄），又名泄流。如果水文网络严重切断了地下水的含水层或含水层，且地下水位高于水位，则地下水直接排入河流，河流成为排水的中心。当河流切断含水层时，将地下水排入河流称为排水。有两种方法可以从河流中排出地下水一种形式是分流，这种流量不易检测，但可以通过测量上游和下游部分的河流流量来计算。另一种方法是以更集中的形式排入河流，这在喀斯特地区最为常见，例如，广西、云南和贵州一些河床的暗河。

地下水位与河流水位高差越大，含水层透水性越好，河床断面揭露的含水层的面积就越大，则河流排泄地下水的水量也越大。

3.蒸发排泄（面状排泄）

蒸发排泄包括土面蒸发、叶面蒸腾等方式。其中，土壤蒸发是通过曝气区潜水造成的水分流失。叶蒸腾作用是植物生长过程中通过根系吸收的水分，然后转化为气体并从叶片中蒸发掉。蒸腾的深度由植物根系分布的深度控制。在深埋在潜水中的干旱和半干旱地区，一些灌木根在地下数十米处。蒸发仅消耗水而无盐。根系将潜水或曝气区的水吸收到针叶树中进行蒸发和消耗（大型植物，如生物泵），这极大地影响了地下水的质量。

（1）土面蒸发过程

曝气区中的水分流失会减少曝气区中的水含量，并增加损失。潜水有助于毛细管区蒸发，将水移入曝气区，导致地下水位下降，且蒸发速率大于毛细管上升速率。

（2）蒸发排泄的影响因素

蒸发和排泄的影响包括气候因素，地下水位埋深和包气带岩性。详细信息如下：

①气候因素

气候越干燥，温度越高，蒸发量越大。

②地下水位埋深

如果地下水位的埋藏深度超过蒸发极限深度，则蒸发接近于零。例如，来自我国北方的长期观测数据表明，当水位深于5 m时不考虑蒸发。

在干旱地区，埋藏的深度相对较大，而在潮湿地区，埋藏的深度相对较小。

③包气带岩性

当潜水水位埋深相同，且气温、湿度不变时，若在包气带中有透水性很差的厚度较大的黏土层存在时，则会极大地削弱潜水的蒸发。

原因在于，蒸发与毛细上升的速度有关，而岩性不同的岩土体其毛细上升速度不同，会极大地影响蒸发排泄的强度。不同岩性与毛细上升速度的关系。

（二）影响地下水排泄的主要因素

影响地下水排泄的因素有诸多方面，如地形切割程度、地下水的埋藏深度和径流速度等。一般当地面坡度越大，被切割越深，埋藏深度越大和径流速度越快时，越有利于径流排泄。而在地面坡度平缓，切割很弱，埋藏深度小和径流速度迟缓的平原和河流下游地区，则常以蒸发排泄为主，蒸发排泄往往成为潜水的主要排泄方式。

三、地下水的径流

岩石空隙中地下水的流动和过程称为地下水流出。在自然开采和人工开采过程中，地下水不断流失。废水是补给和排水之间的中间连接，通过该中间连接，地下水和其中所含矿物质从供应区转移到排水区。地下水径流的学习内容主要包括径流方向、径流速度、径流量、径流途径与影响径流的因素等，即径流条件。

（一）径流方向

在最简单的情况下，含水层自一个集中补给区流向一个集中排泄区，具有单一径流方向。对于潜水来说，山区地下水的循环属于渗入径流型，具体径流形式。由此可见，在该种情况下，地下水从地下水位最高处基本与地形最高处位置一致处向地势切割低处排泄。干旱半干旱地区，且地形低平的细土堆积平原，径流很弱属于渗入蒸发型，在这种情况下，地下水从河流处向两边径流很短路径即向地面上蒸发排泄了。

（二）径流强度

径流强度可用单位时间内通过单位断面的流量表示，即以渗透流速衡量。根据达西定律，故径流强度与含水层的透水性、补给区及排泄区之间的水位差、补给区到排泄区的距离等因素有关，具体关系如下：

（1）它与含水层的渗透率成正比。

（2）与供排水区之间的水位差成正比。

（3）与从供应区到排泄区的距离成反比。

第六章　地下水的分类与赋存

地下水是赋存于地表以下岩石（土）空隙中各种形态的水的统称，既有液态的水液，也有气态的水汽，也包括呈固态的水冰，还有介于它们之间的其他形态类型的水。

第一节　岩石中的孔隙与水分

一、岩石中的空隙

地下水存在于岩石孔隙之中，地壳表层十余千米范围内，都或多或少存在着孔隙，特别是浅部一二千米范围内，孔隙分布较为普遍。按照维尔纳茨基形象的说法，“地壳表层就好像是饱含着水的海绵”；岩石孔隙既是地下水的储容场所，又是地下水的运动通路。孔隙的多少、大小、形状、连通情况及其分布特点等，通常把这些统称为岩石的空隙性。它对地下水分布、埋藏与运动具有重要的控制意义。

将岩石孔隙作为地下水储容场所与运动通路研究时，可以分为三类，即松散岩石中的孔隙、坚硬岩石中的裂隙以及易溶岩层中的溶穴（隙）。

（一）孔隙

松散岩石是由大大小小的颗粒组成的，在颗粒或颗粒的集合体之间普遍存在空隙；空隙相互连通，呈小孔状，故称作孔隙。

岩石中孔隙体积的多少是影响其储容地下水能力大小的重要因素。孔隙体积的多少用孔隙度表示。孔隙度是指某一体积岩石（包括孔隙在内））中孔隙体积所占的比例。

孔隙度是一个比值，可用百分数或小数表示。孔隙度的大小主要取决于颗粒排列情况及分选程度；另外，颗粒形状及胶结情况也影响孔隙度。对于黏性土，结构及次生空隙常是影响孔隙度的重要因素。

为了说明颗粒排列方式对孔隙度的影响，我们可以设想一种理想的情况，即颗粒均为大小相等的圆球。颗粒受力情况发生变化时，通过改变排列方式而密集程度不同。

应当注意，我们在上述计算中并没有规定圆球的大小。因为孔隙度是一个比例数，与颗粒大小无关。

自然界并不存在完全等粒的松散岩石。分选程度越差，颗粒大小越不相等，孔隙度便越小。因为细小颗粒充填于粗大颗粒之间的孔隙中，自然会大大降低孔隙度。

自然界中也很少有完全呈圆形的颗粒。粒形状越是不接近圆形，孔隙度越大。因为这时突出部分相互接触，会使颗粒架空。

黏土的孔隙度往往可以超过上述理论上的最大孔隙度。这是因为黏粒表面常带有电荷，在沉积过程中黏粒聚合，构成颗粒集合体，可形成直径比颗粒还大的结构孔隙。此外，黏性土中往往还发育有虫孔、根孔、干裂缝等次生空隙。松散岩石受到不同程度胶结时，结物质的充孔隙度有所降低。

孔隙大小对地下水的运动影响极大。孔隙通道最细小的部分称作孔喉，最宽大的部分称作空腹。孔喉对水流影响更大，讨论孔隙大小时可以用孔喉直径进行比较。影响孔隙大小的主要因素是颗粒大小，颗粒大则孔隙大，颗粒小则孔隙小。需要注意的是，对分选不好、颗粒大小悬殊的松散岩石来说，孔隙大小并不取决于颗粒的平均直径，而主要取决于细小颗粒的直径。原因是，细小颗粒把粗大颗粒的孔隙充填了。除此以外，孔隙大小还与颗粒排列方式、颗粒形状以及胶结程度有关。

孔隙度的测定方法很多，最常用的是饱水法，对卵石、砾石、粗沙、中沙较适用。这种方法简便，可以在野外进行。其方法是向一定容积的干试样内注水，使其达到饱和。注入水量的体积就是岩石孔隙的体积，将它与试样总体积之比，即为孔隙度值。对于细粒沙、黏性土等试样，其孔隙度的测定往往采用比重一容重法。

（二）裂隙

固结的坚硬岩石，包括沉积岩、岩浆岩与变质岩，其中，不存在或很少存在颗粒之间的孔隙；岩石中的空隙主要是各种成因的裂隙，即成岩裂隙、构造裂隙与风化裂隙。

成岩裂隙是岩石形成过程中由于冷却收缩（岩浆岩）或固结干缩（沉积岩）而产生的。成岩裂隙在岩浆岩中较为发育，如玄武岩的柱状节理便是。构造裂隙是岩石在构造运动过程中生的，各种构造节理、断层即是。风化裂隙是在各种物理的与化学的因素的作用下，岩石遭破坏而产生的裂隙，这类裂隙主要分布于地表附近。

裂隙率可在野外或在坑道中通过测量岩石露头求得，也可以利用钻孔中取出来的岩芯测定。在测定裂隙率时，一般还应测定裂隙的方向、延伸长度、宽度、充填情况等。因为这些都对水的运动有很大影响。

裂隙发育一般并不均匀，即使在同一岩层中，由于岩性、受力条件等的变化，裂隙率与裂隙张开程度都会有很大差别。因此，进行裂隙测量应当注意选择有代表性的部位，并且应当明了某一裂隙测量结果所能代表的范围。

（三）溶穴（隙）

易溶沉积岩，如岩盐、石膏、石灰岩、白云岩等，由于地下水的溶蚀会产生空洞，这种空隙就是溶穴。

岩溶发育极不均匀。大者可宽达数百米、高达数十米乃至上百米、长达数十千米或更多，小的直径只有几毫米，并且，往往在相距极近处岩溶率相差极大。例如，在具有同一岩性成分的可溶岩层中，岩溶通道带的岩溶率可以达到百分之几十，而附近地区的岩溶率几乎是零。

综上所述，若将孔隙率、裂隙率与岩溶率做一对比，可以得到以下结论：虽然三者都是说明岩石中空隙所占的比例，但在实际意义上却颇有区别。松散岩石颗粒变化较小，而且通常是渐次递变的，因此，对某一类岩性所测得的孔隙率具有较好的代表性，可以适用于一个相当大的范围。坚硬岩石中的裂隙，受到岩性及应力的控制，一般发育颇不均匀，某一处测得的裂隙率只能代表一个特定部位的状况，适用范围有限。岩溶发育极不均匀，利用现有的办法，实际上很难测得能够说明某一岩层岩溶发育程度的岩溶率。即使求得了某一岩层的平均岩溶率，也仍然不能真实地反映岩溶发育的情况。因此，岩溶率的测定方法及其意义，都还值得进一步探讨。岩石空隙的发育情况，实际上远比上面所讨论的复杂。例如，松散岩石固然主要发育孔隙，但某些黏性土失水干缩后可以产生裂隙；这些裂隙的水文地质意义，往往超过其原有的孔隙。成岩程度不十分高的沉积岩，往往既有裂隙，又有孔隙。易溶岩层在同一岩层的不同部位，由于溶蚀强度不均一，有的部分主要发育裂隙，有的部分主要发育溶穴。因此，进行工作时必须从实际出发，注意观察、收集事实，在事实基础上分析空隙的形成原因及控制因素，弄清其发育规律。只有这样，才有利于分析地下水储存与运动条件。

二、岩石中的水分

地壳岩石中存在着各种形式的水。存在于岩石空隙中的有结合水及重力水，另外，还有气态水和固态水，以及组成岩石的矿物中的矿物结合水。

（一）结合水

松散岩石的颗粒表面及坚硬岩石空隙壁面均带有电荷。水分子是偶极体，在电场作用下，一端带正电，另一端带负电。由于静电吸引作用，固相表面（包括颗粒及岩石裂隙与洞穴壁面）便吸附水分子。根据库仑定律，电场强度与距离平方成反比。离表面很近的水分子，受到强大的吸力，排列十分紧密。随着距离增大，吸力逐渐减弱，水分子排列较为稀疏。受到固相表面的吸引力大于其自身重力的那部分水便是结合水。结合水束缚于颗粒表面及隙壁上，不能在自身重力影响下运动。

最接近固相表面的水叫强结合水。根据不同研究者的说法，其厚度相当于几个、几十个或上百个水分子直径。其所受吸引力可相当于10 000个大气压，密度平均为2 g/cm^{3}左右，溶解盐类能力弱，–78 ℃时仍不冻结，并像固体那样，具有较大的抗剪强度，不能流动，但可转化为气态水而移动。结合水的外层，称作弱结合水，厚度相当于几百或上千个水分子直径，固体表面对它的吸引力有所减弱。密度较大，具有抗剪强度；黏滞性及弹性均高于普通液态水，溶解盐类的能力较低。弱结合水的抗剪强度及黏滞性是由内层向外逐渐减弱的。当施加的外力超过其抗剪强度时，最外层的水分子即发生流动。施加的力越大，发生流动的水层厚度也越大。

应当指出，以往的水文地质文献中广泛采用列别捷夫的说法，认为结合水是不传递静水压力的，并以包气带中结合水不传递静水压力的试验作为证明。其实这种说法并不确切。包气带的结合水分布是不连续的，当然就谈不上传递静水压力。在饱水带中，结合水是能够递静水压力的，但静水压力必须大于结合水的抗剪强度。一般情况下，充满黏土空隙的基本上是结合水；由于结合水在自身重力下不能运动，因此，黏土不能给出水来，是不透水的。但在一定的水头差作用下，黏土就变成透水的了。

结合水区别于普通液态水的最大特征是具有抗剪强度，即必须施加一定的力方能使其发生变形。结合水的抗剪强度由内层向外层减弱。当施加的外力超过其抗剪强度时，外层结合水发生流动。施加的外力变大，发生流动的水层厚度也加大。

（二）重力水

距离固体表面更远的那部分水分子，重力对它的影响大于固体表面对它的吸引力，因而能在自身重力影响下运动，这部分水就是重力水。

重力水中靠近固体表面的那一部分，仍然受到固体吸引力的影响，水分子的排列较为整齐。这部分水在流动时呈层流状态，而不做紊流运动。远离固体表面的重力水，不受固体吸引力的影响，只受重力控制。这部分水在流速较大时容易转为紊流运动。岩土孔隙中的重力水能够自由流动。井泉取用的地下水，都属于重力水，是水文地质研究的主要对象。

（三）气态水

气态水即水蒸气，它和空气一起分布于包气带岩石空隙中。它来源于大气中的水汽与液态地下水的蒸发。气态水可以随空气的流动而运动，即便是空气不流动时，气态水本身亦可发生迁移，由绝对湿度大的地方向绝对湿度小的地方迁移。当岩石空隙内空气中水汽增多而达到饱和时，或当温度变化而达到露点时，水汽开始凝结，成为液态水。气态水与大气中的水汽常保持动平衡状态而互相转移。气态水在一处蒸发，在另一处凝结，对岩石中水的重新分布有一定的影响。

（四）毛细水

松散沉积物中的细小孔隙通道有如自然界的毛细管，储存于松散沉积物毛细孔隙和岩石细小裂隙中的水称为毛细水。这种水一方面受重力作用，另一方面受毛细力作用。

（五）固态水

当岩石的温度低于0 ℃时，空隙中的液态水就转化为固态水。我国东北、内蒙古及青藏高原的某些地区，地下水终年以固态水的形态存在，即形成了所谓的多年冰土。

（六）矿物水

是存在于矿物晶体内部或晶格之间的水，又称化学结合水，包括沸石水、结晶水和结构水等。

1.沸石水

以水分子（H_2O）形式存在于矿物晶格空隙之中的水称沸石水。方沸石（$Na_2Al_2 \cdot Si_4O_{12}H_20$）中所含的水便是沸石水。沸石水与矿物结合得很不牢固，故沸石水的含水量并不固定，随湿度的变化而变化。常温下，当湿度下降时，所含的水可从沸石中逸出。

2.结晶水

以水分子的形式进入矿物的结晶格架，并成为某些矿物的组成成分时叫结晶水。若将矿物加热到400 ℃以上时，结晶水便可从矿物中分离出来，水分离出来后，矿物本身并未遭受破坏。如石膏（$CaSO_2 \cdot 2H_2O$）加热后，随着水分子的逸出，石膏本身并未遭受破坏，而是分解为硬石膏（$CaSO_4$）和自由水（H_2O）。

3.结构水

结构水是以H^+和OH^-形式存在于矿物结晶格架中的水，在矿物中并不保持水分子（H_2O）结构。H^+和OH^-矿物结合得非常紧密，如白云母KAl_2（$AlSi_3O$）（OH）$_2$。白云母只有加热到400℃以上，H^+和OH^-才能分离出未，随着它们的析出，白云母也被破坏了。

矿物水一般来说是不能被利用的。只有当高温变质岩石脱水以后，才能从矿物中析出，并转变为上述各种类型的水。

三、与水分的储容和运移有关的岩石性质

岩石空隙的大小和多少与水分的储容和运移有密切关系，特别是空隙的大小具有决定意义。在一个足够大的空隙中，从空隙壁面向外，依次分布着强结合水、弱结合水和重力

水。空隙越大，重力水占的比例越大；反之，结合水占的比例就越大。当空隙直径小于结合水层厚度的两倍时，空隙中全部充满结合存在重力水了。例如，黏土的微细孔隙中或基岩的闭合裂隙中，几乎全部充满着结合水；而沙砾石和具宽大裂隙或溶穴的岩层中，重力水所占的比例很大，结合水的数量则微不足道。因此，空隙大小和数量不同的岩石容纳、保持、释出及透过水的能力有所不同。

（一）容水度

岩石能容纳一定水量的性能称为岩石的容水性，在数量上以容水度来衡量。所谓容水度即能容纳的水的体积与岩石总体积之比值。

显然，容水度在数值上与空隙度相等。但是对于具有膨胀性的黏土来说，因充水后体积扩大，容水度可以大于空隙度。

（二）含水量

松散岩石的包气带中通常滞留较多的水分，为了说明其实际含水状况，可用含水量表示。

岩石的容水度和体积含水量之间的差值为饱和差。体积含水量与容水度之比称为饱度。

（三）持水度

饱水岩石在重力作用下释水时，由于分子力和表面张力的作用，能在其空隙中保持一定量的性能，称为岩石的持水度性。在数量上以持水度来衡量。水度是指在重力作用下，岩石空隙中所保持的水的体积与岩石总体积之比值。

（四）给水度

饱水岩石在重力作用下能自由排出一定水量的性能，称为岩石的给水性。在数量上以给水度来衡量。给水度即饱水岩石在重力作用下能排出的水的体积与岩石总体积之比值。

在一般情况下，如前所述，容水度在数值上与空隙度相等，因此，给水度常常通过在实验室测定岩石的空隙度和持水度来确定。

岩石的给水度与岩石颗粒的大小、形状、排列以及压实程度等有关。均匀沙的给水度可达30%以上，但是大多数冲积含水层的给水度则为10% ~ 20%。

渗透系数不仅与岩石的性质有关，还与渗透液体的物理性质黏滞性、温度等有关。通常情况下由于水的物理性质变化不大，可以忽略，因此，可把渗透系数看成单纯说明岩石渗透性能的参数。

给水度是水文地质计算中很重要的参数，坚硬岩石裂隙和溶洞中的地下水，因结合水及毛细水所占的比例非常小，岩石的给水度可看作分别等于它们的容水度或空隙度。岩性对给水度的影响包括空隙多少及空隙大小，对于粗粒松散岩石及具比较宽大裂隙与溶穴的坚硬岩石，重力结合水与孔隙毛细水很少，给水度在数值上很接近容水度，即接近于孔隙度；颗粒细小的黏性土，给水度往往仅为百分之几。

对于均质的松散岩石，给水度的大小还与地下水位埋藏深度及水位下降速率有关。当初始地下水位埋深小于最大毛细保持高度时，水位下降后，将有一部分重力水转入毛细水带，释出水量减少，给水度便偏小。观测表明，当地下水位下降速率大时，给水度也偏小，这点对于细粒松散岩石尤为明显。原因是：重力释水并非瞬时完成，而往往滞后于水位下降。此外，大小不同的孔道释水不同步，大的孔道优先释水，可能在小孔道中形成一部分悬挂毛细水而不再释出。

总之，对于均质的松散岩石，只有初始水位埋深足够大，水位下降速率十分缓慢时，才能达到其理论最大给水度——此时，除了结合水与孔角毛细水，其余的水全都在重力影响下释出。

（五）透水性

岩石允许水透过的性能称为岩石的透水性。岩石的透水性能主要取决于岩石空隙的大小连通衡量岩石透水性的数量指标为渗透系数，渗透系数越大，岩石的透水性越强。我们以松散岩石为例，分析一个理想孔隙通道中水的运动情况。由于附着于隙壁的结合水层对于重力水，以及重力水质点之间存在着摩擦阻力，最近边缘的重力水流速趋于零，中心部分流速最大。由此可得出：孔隙直径越小，结合水所占据的无效空间越大，实际渗流断面就越小；同时，孔隙直径越小，可能达到的最大流速越小。因此孔隙直径越小，透水性就越差。当孔隙直径小于两倍结合水层厚度时，在寻常条件下就不透水。

如果我们把松散岩石中的全部孔隙通道概化为一束相互平行的等径圆管，则不难推知：当孔隙度一定而孔隙直径越大，则圆管通道的数量越少，但有效渗流断面越大，透水能力就越强；反之，孔隙直径越小，透水能力就越弱。由此可见，决定透水性好坏的主要因素是孔隙大小。只有在孔隙大小相等的前提下，孔隙度才对岩石的透水性起作用，孔隙度越大，透水性越好。

然而，实际的孔隙通道并不是直径均一的圆管，而是直径变化、断面形状复杂的管道系统。岩石透水能力并不取决于平均孔隙直径，而在很大程度不是直线的，而是曲折的。孔隙通道越弯曲，水质点实际流程就越长，克服摩擦阻力所消耗的能量就越大。

颗粒分选性，除了影响孔隙大小，还决定着孔隙通道沿程直径的变化和曲折性。因此，分选程度对于松散岩石透水性的影响，往往要超过孔隙度。

四、有效应力原理与松散岩土压密

（一）有效应力原理

太沙基（TerZaghi）所提出的有效应力原理，可以帮助我们分析地下水位变动情况下岩石有效应力的变化，以及由此引起的松散岩石压密问题。

孔隙水压力可理解为平面处水对上覆地层的浮托力。有效应力等于总应力减去孔隙水压力，这就是著名的太沙基有效应力原理。

（二）地下水位变动引起的岩土压密

为了分析简便，我们假设整个含水沙层充满水，且水位下降后其测压管高度仍高出饱水沙层顶面。

沙层是通过颗粒的接触点承受应力的。孔隙水压力降低，有效应力增加，颗粒发生位移，排列更为紧密，颗粒的接触面积增加，孔隙度降低，沙层受到压密。与此同时，沙层中的水则因减压而有少量膨胀。沙层因孔隙水压力下降而压密，待孔隙水压力恢复后，沙层大体上仍能恢复原状。沙砾类岩土基本上呈弹性；但是，如果同样的压密发生于黏性土中，则由于黏性土释水压时结构发生了不可逆的变化，即使孔隙水压力复原，黏性土基本上仍保持其压密状态。黏性土以塑性变形为主。

抽水引起地下水位下降，松散岩石将被压密，从而其孔隙度、给水度、渗透系数等参数均将变小。对于黏性土来说，这种参数值的降低是不可逆的。

第二节　含水层和隔水层

地下水面以下是饱水带，饱水带的岩层空隙中充满了水，开发利用地下水或排除地下水，主要都是针对饱水带而言的。饱水带的岩层，根据其给出与透过水的能力，划分为含水层及隔水层。所谓含水层，是指能够给出并透过相当数量水的岩层。含水层不但储存有水，而且水可以在其中运移。因此，含水层应是空隙发育的具有良好给水性和强透水性的岩层。如各种沙土、砾石、裂隙和溶穴发育的坚硬岩石。

隔水层是指那些不能给出并透过水的岩层，或者这些岩层给出与透过的水数量是微不足道的。因此，隔水层具有良好的持水性，而其给水性和透水性均不良，如黏土、页岩和岩等。

在实际工作中，划分含水层与隔水层时，不仅要根据是否能透过并给水，而且要考虑岩层所给出的水的数量是否满足开采利用的实际需要，或者是否对工程设施构成危害。含水层和隔水层的划分是相对的，并不存在截然的界限或绝对的定量标志。从某种意义上来讲，含水层和隔水层是相比较而存在的。

含水层首先应该是透水层，是透水层中位于地下水位以下经常为地下水所饱和的部分，上部未饱和部分则是透水不含水层。故一个透水层可以是含水层，如冲积沙砾含水层；也可以是透水不含水层，如坡积亚沙土层；还可以是一部分位于水面以下的是含水层，另一部分位于水面以上为透水不含水层。

由上可知，含水层的形成应具备一定的条件：

一、岩层具有储存重力水的空间

这里所指的主要是各类空隙，即松散岩石的孔隙、坚硬岩石的裂隙和溶穴等。岩石的空隙越大，数量越多，连通性越好，储存和通过的重力水就越多，越有利于形成含水层。如：透水性强的沙砾石便是良好的含水层；坚硬砂岩的孔隙虽不发育，但发育构造裂隙和风化裂隙，裂隙成为其主要的储水空间，所以砂岩是含水层。河南驻马店一带的黏土，因为裂隙发育含有地下水，成为当地农业灌溉的供水水源，在这里黏土也是含水层。

二、具备储存地下水的地质结构

具有空隙的岩层还必须有一定的地质构造条件才能储存水。河流冲积层由下部沙砾层和上部细沙层组成。二者都具有良好的透水性，上部沙层接受大气降水补给后要向下渗透到砾石，本身成为包气带，成为透水不含水层；下部砾石层接受来自上部沙层水的补给后，在向下渗透过程中遇下伏的不透水黏土层的阻隔而聚积、储存起来成为含水层。因此，一个含水层的形成必须要有透水层和不透水层组合在一起，才能形成含水地质。含水地质结构有两种基本形式：

（1）透水—含水—隔水形式：大部分松散沉积物和基岩裸露地区，透水层大面积出露地表，接受补给后，沿空隙往下渗透，到隔水层或裂隙不发育的基岩面，便在透水的空隙中积聚、储存起来形成含水层，其上未饱水的部分成为透水不含水层。

（2）隔水—含水—隔水形式。透水岩层大部分为隔水层覆盖，仅在其出露地表的局部范围内方可接受补给，由于下伏有不透水层，水充满整个透水岩层，常具承压性。如山前平原或冲积平原深部的沙砾石透水层、煤系地层中裂陷、溶穴发育的坚硬基岩等均为这种类型的含水层。

三、具有充足的补给水源

一个含水层的形成除了有储容水的空间和储存水的地质条件以外，还应该有一定的补给条件，方对供水和排水具有一定的实际意义。首先形成含水层的透水岩层应部分地或全部地出露地表以便接受大气降水和地表水的补给；或在顶底的隔水或罕水断裂等通道，通过这些通道，可以得到其他含水层补给。充足的补给来源、丰富的补给量是决定含水层水量大小和保证程度的重要因素。否则该岩层充其量只是一个透水的岩层而不能形成含水层。

含水层与隔水层只是相对而言，并不存在截然的界限，二者是通过比较而存在的。如：河床冲积相粗沙层中夹粉沙层，粉沙层由于透水性小，可视为相对隔水层；但是该粉沙层若夹在黏土中，粉沙层因其透水性较大则成为含水层，黏土层作为隔水层。由此可见，同样是粉沙层在不同地质条件下可能具有不同的含水意义。含水层的相对性也表现在所给出的水是否具有实际价值，即是否能满足开采利用的实际需要或是否对采矿等工程造成危害。如南方广泛分布的红色沙泥岩，涌水量较小，若与沙砾层孔隙水或灰岩岩溶水相比，由于水量太小对供水与煤矿充水不具实际意义，可视作隔水层。但对广大分散缺水的农村来说在红层中打井取水既可解决生活供水，也可作为一部分灌溉水源，成为有意义的含水层，如湖南、川中、浙江某些盆地中的红层地下水是生活和灌溉用水的主要水源。

含水层的相对性还表现在含水层与隔水层之间可以互相转化。如黏土，通常情况下是良好的隔水层，但在地下深处较大的水头差作用下，当其水头梯度大于起始水力坡度，也可能发生越流补给，透过并给出一定数量的水而成为含水层。在北方煤矿区，在奥陶系灰岩和太原组薄层灰岩间，隔有数十层本溪组和太原组的砂页岩和铝土页岩，通常由于断层闭合或被充填而不导水，故在天然状态下是良好的隔水层。随着矿井疏干排水，薄层灰岩水位大幅度下降，与奥陶系灰岩水之间形成了很大的水头差，奥灰水不断冲刷和突破断裂裂隙，大量补给太原组薄层灰岩，太原组灰岩钻孔涌水量由开采前的＜1 L/s•m增大到100 ~ 150 L/s•m，这些隔水层实际上已不起隔水作用。

从极端的意义上讲，自然界不存在没有空隙的岩层，因此，实际上也不存在不含有水的岩层，关键在于所含的水的性质。空隙细小的岩层，含有的几乎全是结合水，结合水在寻常条件是不能移动的，这类岩层起着阻隔水通过的作用，所以是隔水层。空隙较大的岩层，主要含有重力水，在重力影响下能给出与透过水，就构成含水层。空隙越大，重力水所占的比例越大，水在空隙中运动时所受阻力越小，透水性便越好。所以，卵砾石、具有宽大的张开裂隙与溶穴的岩层，构成透水良好的含水层。判断一个岩层是含水层还是隔水层时，必须仔细观察各种有关现象，并进行缜密分析，这样方能得出比较合乎实际的结论。例如，在一般情况下，黏土的孔隙极其微细，通常是隔水层，可是有些地方却从黏土中取得了数量可观的地下水。原因是这些黏土或者发育有干缩裂隙，或者发育有结构孔隙，或者有较多的虫孔与根孔。再如，某些种类的片麻岩往往只发育闭合裂隙，从整体上说属于隔水层；但是断层带却可构成良好的含水带。薄层状泥质与砂质或钙质互层的沉积岩，张开裂隙顺着砂质及钙质薄层发育。在这种情况下，顺层方向岩层是透水的，垂直层面方向上却是隔水的。这就是岩层透水性的各向异性。均一岩性的块状岩层，当构造裂隙沿着某一方向特别发育时，透水性也表现某种程度的各向异性。上述例子足以说明，根据实际情况对岩层透水性进行具体分析是何等必要。

含水层这一名称对松散岩石很适用。因为松散岩层常呈层状，在同一地层内可按岩性区分为不同单元，而在同一岩性单元中透水与给水能力比较均匀一致，地下水分布是呈层状得，对于裂隙基岩来说，地层中裂隙发育均匀时，地下水均匀分布于全含水层也是合适的。但当裂隙发育受局部构造因素控制，在同一地层中分布极不均匀时，同一岩层的透水与给水能力相差很大。例如，当一条较大的断层穿越不同地层时，尽管岩性不同，断裂带却可能具有较为一致的透水与给水能力。这种情况下将其称为含水带更为合适。

岩溶的发育常限于具有一定岩性的可溶岩层中，从这个意义上讲，可以说是含水层；因为地下水确实分布于该层之中。但是，岩溶的发育极不均一，地下水主要赋存于以主要岩溶通道为中心的岩溶系统中，别的部分含水很少，实际上地下水并未遍布于某一层次中。对于含水的岩溶化地层说来，所谓含水层，实际上只说明在某一岩层中某些部位（岩溶系统中）可能含水，而并非在整个岩层中部含有水。因此，称之为岩溶含水系统更为恰当些。

实际工作中如按含水层的含义严格划分，尚不能满足生产的需要。为此，需要有含水带、含水段、含水岩组、含水岩系的划分。

（一）含水带

含水带是指局部的、呈条带状分布的含水地段。在含水极不均匀的岩层中，如果简单地把它们划归为含水层或隔水层，显然是不符合实际的，特别是在裂隙或溶穴发育的基岩山区，应按裂隙、岩溶的发育和分布及含水情况，在平面上划分出含水地段——含水带。如穿越不同成因、岩性、时代的含水断裂破碎带，可划分为一个含水带。

（二）含水段

含水段是指同一厚度较大的含水层，按其含水程度在剖面上划分的区段。例如，华北一些地区的奥陶系石灰岩，厚度达几百米，而且其中没有很好的隔水层，从上部到下部有水力联系，可以划分为一个统一的含水层。但在生产实践中发现，该灰岩含水并不均匀，某些地段裂隙、岩溶比较发育，水量较大；有些地段裂隙、岩溶不发育，水量很小。因此，有必要进一步把它划分为强含水段、弱含水段或隔水段，这就为矿山排水和供水工程设计提供了可靠依据。

（三）含水岩组

把几个水文地质特征基本相同（或相似）且不受地层层位限制的含水层归并在一起，

称为一个含水岩组。如：我国北方晚古生代煤田，其中，石河子组砂页岩互层，多达数十层，总厚度数百米，可将其归并为几个含水岩组。有些第四纪松散沉积物的沙层中，常夹有薄层黏性土（或呈透镜状），但其上下沙层之间有水力联系，有统一的地下水位，化学成分亦相近，可划归为一个含水岩组。

（四）含水岩系

在开展地区性的大范围的水文地质研究和编图时，往往将几个水文地质条件相近的含水岩组划为一含水岩系。同一含水岩系的几个含水岩组彼此之间可以有隔水层存在。如第四系含水岩系，基岩裂隙水含水岩系或岩溶水含水岩系等。

第三节　不同埋藏条件的地下水

一、地下水的分类

地下水赋存于各种自然条件下，其形成条件不同，在埋藏、分布、运动、物理性质及化学成分等诸方面也各异。为了便于研究和利用地下水，人们通过分析，将某些基本特征相同的地下水加以归纳合并，划分成简明的类型，这就是地下水的分类。目前，地下水的分类原则和方法有许多种。考虑到地下水的埋藏条件和含水介质的类型对地下水水量、水质的时空分布有着决定意义，故这里所谓的地下水分类主要是按埋藏条件和含水介质类型的不同而划分的。

所谓地下水的埋藏条件，是指含水层在地质剖面中所处的部位及受隔水层（或弱透水）限制的情况。据此可将地下水分为包气带水（包括土壤水和上层滞水）、潜水和承压水。

按含水介质（空隙）的类型，可将地下水分为孔隙水、裂隙水及岩溶水。

地下水埋藏和分布于地壳岩石中，因此岩石的成分和性质、岩石空隙的大小、形状及其成因等必然会影响到地下水的物理性质、化学成分、循环条件及动态变化。为了充分利用和研究地下水资源，有必要对地下水进行科学的分类。

地下水分类的原则和方法很多，但总起来不外乎以下两种。一种是根据地下水的某一特征进行分类，另一种则是综合考虑地下水的若干特征进行分类。前一种如按起源不同，可将地下水分为渗入水、凝结水、初生水和埋藏水；按矿化程度不同，可分为淡水、微咸水、咸水、盐水及油水。此外，还可按照地下水的温度、气体成分、运动性质及动态变化等特征进行分类。这些分类的优点是：简单、明确、便于从某一角度去认识和研究地下水。缺点是不够全面。综合考虑若干特征进行分类，则可以避免上述缺点。

二、上层滞水

上层滞水是存在于包气带中，局部隔水层之上的重力水。上层滞水的形成主包气带岩性的组合，以及地形和地质构造特征。一般地形平坦、低凹，或地质构造（平缓地层及向斜）有利于汇集地下水的地区，地表岩石透水性好，包气带中又存在一定范围的隔水层，有补给水入渗时，就易形成上层滞水。

松散沉积层、裂隙岩层及可溶性岩层中都可埋藏有上层滞水。但由于其水量不大，且季节变化强烈，一般在雨季水量大些，可做小型供水水源，而到旱季水量减少，甚至干枯。上层滞水的补给区和分布区一致，由当地接受降水或地表水入渗补给，以蒸发或向隔水底板边缘进行侧向散流排泄。上层滞水一般矿化度较低，由于直接与地表相通，水质易受污染。

三、潜水

（一）潜水的埋藏条件和特征

潜水是埋藏于地表以下、第一个稳定隔水层以上、具有自由水面的含水层中的重力水。潜水一般埋藏于松散沉积物的孔隙中，以及裸露基岩的裂隙、溶穴中。

潜水的自由表面称为潜水面。潜水面至地面的垂直距离称为潜水的埋藏深度。潜水面上任一点的标高称该点的潜水位。潜水面至隔水底板的垂直距离称潜水含水层的厚度，它是随潜水面的变化而变化的。

潜水的埋藏条件决定了潜水的以下特征：

潜水具有自由水面。因顶部没有连续的隔水层，潜水面不承受静水压力，是一个仅承受大气压力作用的自由表面，故为无压水。潜水在重力作用下，由高水位向低水位流动。在潜水面以下局部地区存在隔水层时，可造成潜水的局部承压现象；潜水因无隔水顶板，大气降水、地表水等可以通过包气带直接渗入补给潜水。故潜水的分布区和补给区经常是一致的；潜水的水位、水量、水质等动态变化与气象水文、地形等因素密切相关。因此，其动态变化有明显的季节性、地区性。如：降雨季节含水层获得补给，水位上升，含水层变厚，埋深变浅，水量增大，水质变淡；干旱季节排泄量大于补给量，水位下降，含水层变薄、埋深加大。湿润气候、地形切割强烈时，易形成矿化度低的淡水；干旱气候、低平地形时，常形成咸水。潜水易受人为因素的污染，因顶部没有连续隔水层且埋藏一般较浅，污染物易随入渗水流进入含水层，影响水质；潜水因埋藏浅，补给来源充沛，水量较丰富，易于开发利用，是重要的供水水源。

（二）潜水面的形状及其表示方法

1.潜水面的形状及其影响因素

潜水面的形状是潜水的重要特征之一，它一方面反映外界因素对潜水的影响；另一方面也反映潜水的特点，如流向、水力坡度等。

潜水在重力作用下从高处向低处流动，称潜水流。在潜水流的渗透途径上，任意两点的水位差与该两点间的距离之比，称为该处的水力坡度（梯度）。

一般情况下，潜水面是呈向排泄区倾斜的曲面。潜水面的形状和水力坡度受地形地貌，含水层的透水性、厚度变化及隔水底板起伏，气象水文因素和人为因素等的影响。

潜水面的起伏和地表的起伏大体一致，但较地形平缓。一般潜水的水力坡度很小，平原区常为千分之几或更小，山区可达百分之几或更大。这是因为不同地区的水文网发育程度和切割程度不同，潜水的排泄条件也不同，排泄条件好的，潜水面坡度就大，反之则小。古凹地中埋藏的潜水，潜水面可以是水平的，当潜水不能溢出古凹地时则成为潜水湖，能溢出时变为潜水流。如山东张夏河谷盆地中，在干旱季节潜水就成潜水湖，而雨季补给充沛时就转化为潜水流。

当含水层变厚，透水性变好时，水力坡度也随之变小，潜水面平缓；反之，水力坡度变大，潜水面变陡。

隔水底板凹陷处含水层变厚，潜水面变缓；隔水底板隆起处，潜水流受阻，含水层变薄，潜水面突起，甚至接近地表或溢出地表形成泉。

在河流的上游地段，水文网下切至含水层时，潜水补给河水，潜水面向河流或冲沟倾斜；在河流的下游地段，河水位高于潜水，河水补给潜水，潜水面便倾向于含水层。在河间地带，潜水面的形状取决于两河水位的关系，可以形成分水岭；也可以向一方倾斜，由高水位河流向低水位河流渗透。人为因素的影响可急剧地改变潜水面形状，如集中开采区可形成中心水位下降数十米的降落漏斗。水库回水使地下水水位大幅度升高，不仅改变潜水面形状而且可改变补排关系。

2.潜水面的表示方法和意义

潜水面的形状和特征在图上通常有两种表示方法：水文地质剖面图和等水位线图。

水文地质剖面图是在具有代表性的剖面线上，按一定比例尺，根据水文地质调查所获得的地形、地质及水文地质资料绘制而成。该图上不仅要表示含水层、隔水层的岩性和厚度的变化情况，以及各层的层位关系等地质情况，还应把各水文地质点（钻孔、井、泉等）的位置、水量和水质标于图上，并标上各水文地质点同一时期的水位，连出潜水的水位线。水文地质剖面图可以反映出潜水面形状和地形、隔水底板、含水层厚度及岩性等关系。

潜水等水位线图，就是潜水面的等高线图。它是在一定比例尺的平面图上（通常以地形等高线图作底图），按一定的水位间隔（等间距），将某一时期潜水位相同的各点连接成线，这就是水位等高线。由于潜水位是随时间而变化的，所以在编制潜水等水位线图时，必须利用同一时期的水位资料。具体编制方法与地形等高线图的编制方法相仿。

根据等水位线图可以解决以下几个方面的实际问题：

（1）确定潜水的流向

潜水流向始终是沿着潜水面坡度最大的方向流动，即沿垂直等水位线的方向由高水位向低水位运动。

（2）确定潜水面的水力坡度

相邻两条等水位线的水位差除以其水平距离即为潜水面坡度，当潜水面坡度不大时，可视为潜水的水力坡度（梯度）。

（3）判断潜水和地表水的补排关系

在标有河水位的潜水等水位线图上，根据图中地下水的流向，就能确定潜水与地表水的补排关系。

（4）确定潜水埋藏深度

等水位线与地形等高线相交之点，二者的高程之差，即为该点潜水的埋藏深度。根据各点的埋藏深度，将埋藏深度相同的点连成等线，可以绘出潜水埋藏深度图。

（5）确定泉水出露位置和沼泽化范围

地形等高线与潜水等水位线标高相等且相交的地点，为泉水出露点，或是与潜水有联系的湖、沼等地表水体。

（6）推断含水层岩性或厚度的变化

当地形坡度无明显变化，而等水位线变密处，表征该处含水层透水性能变差，或含水层厚度变小；反之，等水位线变稀的地方，则可能是含水层透水性变好或厚度增大的地方。

（7）确定含水层厚度

当已知隔水底板高程时，可用潜水位高程减去隔水底板高程，即得该点含水层厚度。

（8）作为布置引水工程设施的依据

取水工程最好布置在潜水流汇合的地区，或潜水集中排泄的地段。取水建筑物排列方向一般应垂直地下水流向，即与等水位线相一致。

综上所述，潜水的基本特点是与大气圈及地表水圈联系密切，积极参与水循环。产生此特点的根本原因是其埋藏特征——位置浅，上部无连续隔水层。

四、承压水（自流水）

（一）承压水的特征和埋藏条件

1.承压水的基本特征

充满于两个稳定隔水层（弱透水层）之间的含水层中的重力水，称为承压水。当这种含水层中未被水充满时，其性质与潜水相似，称为无压层间水。承压含水层上部的隔水层（弱透水层）称为隔水顶板。下部的隔水层（弱透水层）称为隔水底板。顶底板之间的距离称为含水层厚度。钻孔（井）未揭穿隔水顶板则见不到承压水，当隔水顶板被钻孔打穿后，在静水压力作用下，含水层中的水便上升到隔水顶板以上某一高度，最终稳定下来。此时的水位称稳定水位。钻孔或井中稳定水位的高程称含水层在该点的承压水位或测压水位。地面至承压水位的垂直距离称为承压水位埋藏深度。隔水顶板底面的高程称为承压水的初见水位，即揭穿顶板时见到的水面。隔水顶板底面到承压水位之间的垂直距离称为承压水头或承压高度。承压水位高出地表高程时，承压水被揭穿后便可喷出地表而自流。各点承压水位连成的面便是承压水位面。

由于承压水有隔水顶板，因而它具有与潜水不同的一系列特征。

承压水具有承压性：当钻孔揭露承压含水层时，在静水压力的作用下，初见水位与稳定水位不一致，稳定水位高于初见水位。

承压水的补给区和分布区不一致：因为承压水具有隔水顶板，因而大气降水及地表水只能在补给区进行补给，故承压水补给区常小于其分布区。补给区位于地形较高的含水层出露的位置，排泄区位于地形较补给区低的位置。

承压水的动态变化不显著：承压水因受隔水顶板的限制，它与大气圈、地表水圈联系较差，只有在承压区两端出露于地表的非承压区进行补排。因此，承压水的动态变化受气象（气候）和水文因素影响较小，其动态比较稳定。同时，由于其补给区总是小于承压区的分布，故承压水的资源不像潜水那样容易得到补充和恢复。但当其分布范围及厚度较大时，往往具有良好的多年调节性能。

承压水的化学成分一般比较复杂：同潜水相似，承压水主要来源于现代大气降水与地表水的入渗。但是，由于承压水的埋藏条件使其与外界的联系受到限制，其化学成分随循环交替条件的不同而变化较大。与外界联系越密切，参加水循环越积极，其水质常为含盐量低的淡水；反之，则水的含盐量就高。如：在大型构造盆地的同一含水层内，可以出现低矿化的淡水和高矿化的卤水，以及某些稀有元素或高温热水，水质变化比较复杂。

承压含水层的厚度，一般不随补排量的增减而变化：潜水获得补给或进行排泄时，随着水量增加或减少，潜水位抬高或降低，含水层厚度加大或变薄。承压水接受补给时，由于隔水顶板的限制，不是通过增加含水层厚度来容纳水量。补给时测压水位上升，一方面，由于压强增大含水层中水的密度加大；另一方面，由于空隙水压力增大，含水层骨架有效应力降低，发生回弹，孔隙度增大（含水层厚度仅有少量的增加）。排泄时，测压水位降低，减少的水量则表现为含水层中水的密度变小及骨架孔隙度减小。也就是说，承压含水层水量增减（补排）时，其测压水位亦因之而升降，但含水层的厚度则不发生显著变化。

承压水一般不易受污染：由于有隔水顶板的隔离，承压水一般不易受污染，一旦污染后则很难净化。因此，利用承压水作为供水水源时，应注意水源地的卫生防护。

2. 承压水的埋藏条件

承压水的形成首先取决于地质构造。在适宜地质构造条件下，无论是孔隙水、裂隙水或岩溶水均能形成承压水。不同构造条件下，承压水的埋藏类型也不同。承压水主要埋藏于大的向斜构造、单斜构造中。向斜构造构成向斜盆地蓄水构造，称为承压盆地；单斜构造构成单斜蓄水构造，称为承压斜地。

（1）承压盆地

承压盆地按其水文地质特征可分为三个组成部分：补给区、承压区和排泄区。在承压区上游，位置较高处含水层出露的范围称为补给区。补给区没有隔水顶板，具有潜水性质，它直接受降水或其他水源的入渗补给，水循环交替条件好，常为淡水。含水层有隔水顶板的地区称为承压区，此处地下水具有承压水的一切特征。在承压区下游，位置较低处含水层出露的范围称为排泄区。排泄区地下水常以上升泉的形式排泄，流量较稳定，矿化度一般较高，常有温泉露出。

承压盆地在不同深度上有时可有几个承压含水层，它们各自有不同的承压水位。当地形与蓄水构造一致时，称为正地形。此时，下部含水层的承压水位高于含水层的承压水位；反之，当地形与蓄水构造不一致时，称为负地形，此时，下部含水层的承压水位低于上部含水层的承压水位。水位高低不同，可造成含水层之间通过弱透水层或断层等通路而发生水力联系，形成含水间的补给关系，高水位含水层的水补给低水位含水层。

（2）承压斜地

承压斜地的形成可以有三种不同情况：第一种是单斜含水层被断层所截形成的承压斜地；第二种是含水层岩性发生相变或尖灭形成承压斜地；第三种是单斜含水岩层被侵入岩体阻截形成的承压斜地。

①单斜含水层被断层所截形成的承压斜地

单斜含水层的上部出露地表，成为承压含水层的补给区，含水层下部为断层所切。若断层导水，则含水层之间可以通过断层发生水力联系。在断层出露位置较低处，承压水可通过断层以泉的形式排泄于地表，成为排泄区。此时，补给区与排泄区位于承压区两侧，与承压盆地相似。

倘若断层不导水，水沿含水层向下流动，遇断层而受阻后形成回流，在含水层露头区地形较低处以泉的形式排出地表，形成排泄区。此时，地下水的补给区与排泄区在同一侧，承压区在另一侧。显然露头区附近地下水循环交替条件较好，深处则差。如果承压斜地延伸较深时，下端含水层中的地下水往往处于停滞状态，使矿化度较高。

②含水层岩性发生相变或尖灭形成的承压斜地

含水层上部出露地表，其下在某一深度岩相发生变化，由透水层变为不透水层而使含水层尖灭。这类承压斜地的情况与上述不导水断层所形成的承压斜地情况相似。

③单斜含水层被侵入岩体阻截形成的承压斜地

各种侵入岩体，当它们侵入透水性很强的单斜含水岩层中，并处于地下水的下游时，由于它们起到阻水的作用，可形成承压斜地。如：济南承压斜地，为寒武系、奥陶系灰岩组成的一向北倾斜的单斜构造。南部千佛山一带灰岩广泛出露，形成承压水的补给区，地下水沿顺层发育的溶穴向北流动，至济南城一带，深部受到闪长岩体的阻截和覆盖，表层又被第四系透水性弱的黏性土覆盖，形成承压水的承压区和排泄区，济南市区有108个泉排泄，故有“泉城”之称。

其他如基岩断裂破碎带的裂隙随深度的增大而闭合，或裂隙被充填等情况，均可形成承压斜地。

承压盆地和承压斜地在我国分布比较广泛。根据地质年代和岩性的不同，可分为两类：一类是第四系松散沉积物构成的承压盆地和承压斜地，它们广泛存在于山间盆地和山前平原中；另一类是由坚硬基岩构成的承压盆地和承压斜地。如：北方的淄博盆地、井陉盆地、沁水盆地、开平盆地等就是寒武—奥陶系石灰岩上覆石炭—二叠系砂页岩及第四系堆积物而构成的承压水盆地。广东的雷州半岛以及新疆等地的许多山间盆地都属于这类向斜盆地。较为典型的大型承压盆地是四川盆地，盆地中部分布侏罗—白垩系砂页岩，向四周依次出露古生界岩层。主要含水层为侏罗系砂岩裂隙水、三叠系嘉陵江组灰岩及二叠系长兴组灰岩和茅口组灰岩的岩溶水，有的地段可出现自流水。

（二）承压水等水压线图

承压水的等水压线图，就是承压水测压水位面的等高线图。它是反映承压水特征的一种基本图件。可以根据若干个井孔中，同一时期测得的某一承压含水层的水位资料绘制。其绘制方法与绘制潜水等水位线图相同。等水压线图，可以反映承压水面（测压水位面）的起伏情况。承压水面与潜水面不同之处，在于潜水面是一个实际存在的面，而承压水面是一个虚构的面，这个面可以与地形极不吻合，甚至高于地表（正水头区），只有当钻孔揭露承压含水层时，才能测得。因此，等水压线图通常要附以含水层顶板等高线。

在同一个承压盆地中，可以有几个承压含水层，每个含水层分别有其补给区和排泄区，因此，就有各不相同的测压水位面，当然它们的等水压线图也各不相同。

由于承压含水层的埋藏深度比较大，因此，要得到不同含水层的测压水位，必然要增加很多勘测工作量，必须考虑到绘制此图的必要性。

利用等水压线图可以解决以下实际问题：

确定承压水的流向：承压水的流向垂直于等水压线，由高水位向低水位运动。确定承压水的水力坡度、判断含水层岩性和厚度的变化：承压水水力坡度的确定与潜水一致。承压水与潜水相似，测压水面的变化与岩性和含水层厚度变化有关。此处不再重述。

确定承压水位埋藏深度：地面高程减去相应点的承压水位即可。承压水位埋藏深度越小，开采利用就越方便。该值是负值时，水便自流（喷出）涌出地表。据此可选择开采承压水的地点。该值是正值时，为非自流区。

确定承压含水层的埋藏深度：用地面高程减去相应点含水层顶板高程即得。了解承压含水层的埋藏深度情况，有助于选择地下工程的位置和开采承压水的地点。

确定承压水水头值的大小：承压水位减去相应点含水层顶板高程，即为承压水水头值。根据承压水水头，可以预测开挖基坑、洞室和矿山坑道时的水压力。

确定潜水与承压水间的相互关系：将等水压线与潜水等水位线绘在一张纸上，根据它们之间的相互关系，可以判断二者间是否有水力联系。如：在潜水含水层厚度与透水性变化不大的地段，出现潜水等水位线隆起或凹陷的现象，可初步判断此地段承压水与潜水可能通过“天窗”或导水断裂产生了水力联系。

上述按地下水的埋藏条件分为包气带水、潜水和承压水三种类型。根据它们在自然界中经常存在的空间部位，编绘的上层滞水、潜水和承压水理想模式图，应当指出，该理想模式图只能反映三类地下水在空间上的埋藏关系，具有人为性。实际上，自然界中水文地质条件是复杂多变的，各类地下水经常处于相互联系转化中。不同地区，各类地下水往往是单独出现，或两种、两种以上的地下水类型同时并存。它们之间有时有水力联系或相互补给关系。在工作中，要根据实际情况，结合当地的地质、水文地质条件，总结不同地区地下水类型模式及各类地下水的特征是十分重要的。

（三）潜水与承压水的相互转化

在自然与人为条件下，潜水与承压水经常处于相互转化之中。显然，除构造封闭条件下与外界没有联系的承压含水层外，所有承压水最终都是由潜水转化而来；或由补给区的潜水测向流入，或通过弱透水层接受潜水的补给。

对于孔隙含水系统，承压水与潜水的转化更为频繁。孔隙含水系统中不存在严格意义上的隔水层，只有作为弱透水层的黏性土层。山前倾斜平原，缺乏连续的厚度较大的黏性土层，分布着潜水；进入平原后，作为弱透水层的黏性土层与沙层交互分布。浅部发育潜水（赋存于砂土与黏性土层中），深部分布着由山前倾斜平原潜水补给形成的承压水。由于承压水水头高，在此通过弱透水层补给其上的潜水。因此，在这类孔隙含水系统中，天然条件下，存在着山前倾斜平原潜水转化为平原承压水，最后又转化平原潜水的过程。

天然条件下，平原潜水同时接受来自上部降水入渗补给及来自下部承压水越流补给。

随着深度加大，降水补给的份额减少，承压水补给的比例加大。同时，黏性土层也向下逐渐增多。因此，含水层的承压性是自上而下逐渐加强的。换句话说，平原潜水与承压水的转化是自上而下逐渐发生的，两者的界限不是截然分明的。开采平原深部承压水后其水位低于潜水时，潜水便反过来成为承压水的补给源。

基岩组成的自流斜地中，由于断层不导水，天然条件下，潜水及与其相邻的承压水通过共同的排泄区以泉的形式排泄。含水层深部的承压水则基本上是停滞的。如果在含水层的承压部分打井取水，井周围测压水位下降，潜水便全部转化为承压水由开采排泄了。由此可见，作为分类，潜水和承压水的界限是十分明确的，但是，自然界中的复杂情况远非简单的分类所能包容，实际情况下往往存在着各种过渡与转化的状态，切忌用绝对的、固定不变的观点去分析水文地质问题。

第七章　地下水运动分析

地下水运动，是贮存于包气带以下地层空隙，包括岩石孔隙、裂隙和溶洞之中的水。地下水是水资源的重要组成部分，由于水量稳定，水质好，是农业灌溉、工矿和城市的重要水源之一。但在一定条件下，地下水的变化也会引起沼泽化、盐渍化、滑坡、地面沉降等不利自然现象。

第一节　地下水运动的基础知识

地下水运动一般特指由于外界因素的影响，而出现的地下水水位、流速等发生变化的现象。

一、地下水运动的分类与特点

（一）地下水运动的分类

1.层流与湍流

渗流的运动状态有两种类型，即层流与湍流。在岩石空隙中，渗流的水质点有秩序地呈现相互平行的运动为层流；湍流则不然，湍流运动中的水质点运动无秩序，且相互混杂，流线杂乱无章。

层流和湍流取决于岩石空隙大小、形状和渗流的速度。由于地下水在岩石中的渗流速度缓慢，绝大多数情况下地下水的运动都属于层流。地下水只有在通过大溶洞、大裂隙时，才可能处于湍流状态。在人工开采地下水的条件下，取水构筑物附近常常由于过水断面减小导致地下水流动速度增加而成为湍流区。

2.稳定流与非稳定流

根据地下水运动要素随时间变化的程度，渗流可分为稳定流与非稳定流两种。在渗流场内，地下水运动要素（流速、流量、水位）不会随时间变化为稳定流；地下水运动要素会随时间发生变化则为非稳定流。严格地讲，自然界中地下水呈非稳定流运动的现象十分普遍，而稳定流是非稳定流的一种特殊情况。

3.缓变运动与急变运动

大多数天然地下水运动都属于缓变运动。这种运动具有如下特征：

①流线的弯曲很小或流线的曲率半径很大，近似于一条直线。

②相邻路线之间的夹角很小，或流线近乎平行。

不具备上述条件的地下水运动为急变运动。

在缓变运动中，各过水断面可以被视为一个水平面，在同一过水断面上各点的水头都相等。这样就可以把本来属于空间流动（三维流运动））的地下水流，简化为平面流（二维流运动），以便用解平面流的方法解决复杂的三维流问题。

（二）地下水运动的特点

1.曲折复杂的水流通道

储存地下水的空隙的形状、大小和连通程度等的变化，使地下水的运动通道十分曲折且复杂。但是，在实际研究地下水运动规律时，不可能研究每个实际通道中具体的水流特征，只能研究岩石内平均直线水流通道中的水流运动特征。这种方法实际上是用充满含水层（包括全部空隙和岩石颗粒本身所占的空间）的假想水流来代替仅仅在岩石空隙中运动的真正水流。假想水流必须符合三点要求：

①假想水流通过任意断面的流量必须等于真正水流通过同一断面的流量。

②假想水流在任意断面的水头必须等于真正水流在同一断面的水头。

③假想水流通过岩石受到的阻力必须等于真正水流受到的阻力。

2.迟缓的流速

河道或管网中水的流速通常都在1m/s左右，有时每秒也会在几米以上；而自然界中的地下水在孔隙或裂隙中的流速是几米每天，甚至小于1m。地下水在曲折的通道中缓慢地流动为渗流，或称“渗透水流”。渗透水流通过的含水层横断面为过水断面渗流。

3.非稳定、缓变流运动

地下水在自然界的绝大多数情况下是非稳定、缓变流运动。其中，地下水非稳定运动是指地下水流的运动要素（渗透流速、流量、水头等）都随时间而变化。地下水主要来源于大气降水、地表水体及凝结水渗入补给，受气候因素影响较大，有明显的季节性，而且消耗（蒸发、排泄和人工开采等）又是在地下水的运动中不断进行的。这就决定了地下水在绝大多数情况下都是非稳定流运动。地下水流速、流量及水头变化不仅幅度小，而且变化的速度较慢。一般情况下，地下水全年的变化幅度是几米，甚至仅有1 ~ 2m，这是地下水非稳定流的主要特点。因此，人们常常把地下水运动要素变化不大的时段近似地当作稳定流处理。虽然这样便于研究地下水的运动规律，但是如果人为开采导致区域地下水位逐年持续下降，那么就必须重视地下水的非稳定流运动。

在天然条件下地下水流一般都呈缓变流动，流线弯曲度很小，近似于一条直线；相邻流线之间夹角较小，近似于平行。在这样的缓变流动中，可将地下水的各过水断面当作一个直面，将同一过水断面上各点的水头当作是相等的，从而将本来属于空间流动的地下水流简化成为平面流，使计算简单化。

二、地下水运动的基本规律

（一）线性渗透定律

地下水运动的基本规律又称渗透的基本定律，为线性渗透定律。线性渗透定律反映了地下水做层流运动时的基本规律。线性渗透定律最早是由法国水力学家达西（Darcy）通过均质砂粒的渗流实验得出的，因此，也被称为“达西定律”，即：

$$Q = K \cdot \frac{h}{L} \cdot \omega \tag{7-1}$$

式中，Q——渗流量，即单位时间内渗过砂体的地下水量（m^3/d）；

h——在渗流途径L长度上的水头损失（m）；

L——渗流途径长度（m）；

ω——渗流的过水断面面积（m^2）；

K——渗透系数，反映各种岩石透水性能的参数（m/d）。

上式也可表示为：

$$v = K \cdot i \tag{7-2}$$

式中，v——渗透速度（m/d）；

i——水力坡度，单位渗流途径上的水头损失（无量纲）。

渗流速度v不是地下水的真正实际流速，因为地下水不在整个断面内流过，而是在断面的孔隙中流动。也就是说，渗透速度v小于实际流速。地下水在孔隙中的实际流速应为：

$$\frac{Q}{\omega \cdot n} = \frac{v}{n} \text{或} v = n \cdot u \tag{7-3}$$

式中，n——岩石的孔隙度。

实际情况表明，地下水在运动过程中，水力坡度常常是变化的，因此，应将达西公式写成微分形式：

$$v = -K \frac{\mathrm{d}H}{\mathrm{d}x} \tag{7-4}$$

$$Q = -K\omega \frac{dH}{dx} \tag{7-5}$$

式中，dx——沿水流方向无穷小的距离；

dH——相应dx水流微分段上的水头损失；

$-\frac{dH}{dx}$——水力坡度，负号表示水头沿着x增大的方向而减少。对于水力坡度i值来说，仍以正值表示。

（二）非线性渗透定律

实际上，达西定律并不能适用于所有的地下水层流运动，因为只有在流速比较小时（常用雷诺数小于10来表示），地下水运动才服从达西公式，即：

$$\mathrm{Re} = \frac{\mu d}{\gamma} < 1 \sim 10 \tag{7-6}$$

式中，μ——地下水的实际流速（m/d）；

d——孔隙的直径（m）；

γ——地下水的运动黏滞系数（m^2/d）。

当地下水在岩石的大孔隙、大裂隙、大溶洞中及取水构筑物附件流动时，水流常常呈紊流状态；或即使是层流，雷诺数也已超过达西定律的适用范围。这时，渗流速度与水力坡度就不再是一次方的关系，而是与水力坡度的平方根成正比。这就是地下水运动的非线性渗透定律，也称为“哲才公式”。其数学表达为：

$$v = K \cdot \sqrt{i} \text{ 或 } Q = K \cdot \omega \cdot \sqrt{i} \tag{7-7}$$

水流运动形式介于层流和紊流之间时，为混合流运动。此时的数学表达为：

$$v = K \cdot i^{\frac{1}{m}} \text{ 或 } Q = K \cdot \omega \cdot i^{\frac{1}{m}} \tag{7-8}$$

式中，$\frac{1}{m}$——流态指数。

式（7-8）概括了饱和渗流在不同流速（层流、流）下可能存在的流动规律。国内外实验证明，当m=1时，属速度很小的层流线性流，符合达西定律。当$1 > m > 0.5$时，属速度较大的层流非线性流。这时惯性力已增大到相当于阻力的数量级，已偏离达西定律。当m=0.5时，属大流速的紊流状态，惯性力已占支配地位，与河道中的均匀流相同。事先确定地下水流的流态属性在生产实践中难以实现，因此，以上两式在实际工作中应用很少。

第二节　地下水向完整井流动理论

一、取水构筑物的类型

为了达到开采地下水及其他目的，需要用取水构筑物来揭露地下水。取水构筑物的类型有很多，按其空间位置可分为垂直的和水平的两类。垂直的取水构筑物是指构筑物的设置方向与地表大致垂直，如钻孔、水井等；水平的取水构筑物是指构筑物的设置方向与地表大致平行，如排水沟、渗渠等。按照揭露的对象，取水构筑物又可分为潜水取水构筑物（如潜水井）和承压水取水构筑物（如承压井）两类。此外，按照揭露整个含水层的程度和进水条件还可将取水构筑物分为完整的和非完整的。完整的取水构筑物是指能揭露整个含水层，并且能够在全部含水层厚度上进水的完整取水构筑物；不能满足上述条件的为非完整取水构筑物。在取水构筑物中，水井是人类开采地下水最常用的方式，水井常常呈交叉形式，经常采用复合式命名，如潜水非完整井、承压水完整井等。

二、地下水流向潜水完整井的稳定流

在潜水井中以不变的抽水强度进行抽水时，随着井内水位的下降，抽水井周围会形成漏斗状的下降区。经过相当长的一段时间，漏斗的扩展速度会逐渐变小。若井流内的水位和水量都可以达到稳定状态，则为潜水稳定流。井的周围会形成稳定的圆形漏斗状潜水面，称为“降落漏斗”。漏斗的半径R为影响半径。

推导潜水完整井稳定流计算公式需要进行如下简化和假设：

①含水层是均质、各向同性的，隔水底板为水平。

②天然水力坡度为零。

③抽水时影响半径范围内无渗入和蒸发，各过水断面上的流量不变，且影响半径的圆周上为定水头边界。

于是，在平面上，潜水井抽水形成的流线沿着半径方向指向井，等水位线为同心圆状。在剖面上，流线是一系列的曲线，最上部的流线是曲率最大的一条凸形曲线，叫作“降落曲线”（也可以叫作“浸润曲线”）。下部曲率逐渐变缓，就会成为与隔水层近乎平行的直线。底部流线是水平直线，等水头面是一个曲面，近井曲率较大，远井曲率逐渐变小。在空间上，等水头面是绕井轴旋转的曲面。在这种情况下，渗流速度方向是倾斜的，渗透速度既有水平分量，又有垂直分量，给计算带来了很大的困难。考虑到远离抽水井等水头面接近圆柱面，流速的垂直分速度很小，可忽略垂直分速度，将地下水向潜水完整井的流动视为平面流。

取坐标，设井轴为h轴（向上为正），沿隔水板取井径方向为r轴，把等水头面（过水断面）近似看作同心的圆柱面，将地下水的过水断面看作圆柱体的侧面积。即：

$$\omega = 2\pi rh \tag{7-9}$$

在地下水流向潜水完整井的过程中，水力坡度是一个变量，任意过水断面处的水力坡度可表示为：

$$i = \frac{\mathrm{d}h}{\mathrm{d}r} \tag{7-10}$$

将上式中的ω和i代入裘布依微分方程式，地下水通过任意过水断面的运动方程为：

$$Q = K \cdot \omega \cdot i = K \cdot 2\pi xy \cdot \frac{\mathrm{d}y}{\mathrm{d}x} \tag{7-11}$$

通过分离变量并积分，将y从h到H，x从r到R进行定积分，即：

$$Q\int_r^R \frac{\mathrm{d}x}{x} = 2\pi K \int_h^H y \cdot \mathrm{d}y \tag{7-12}$$

$$Q(\ln R - \ln r) = \pi K\left(H^2 - h^2\right) \tag{7-13}$$

移项得：

$$Q = \frac{\pi K\left(H^2 - h^2\right)}{\ln R - \ln r} = \frac{\pi K\left(H^2 - h^2\right)}{\ln \frac{R}{r}} = \frac{3.14K\left(H^2 - h^2\right)}{2.3\lg \frac{R}{r}}$$

$$= 1.36K\frac{H^2 - h^2}{\lg \frac{R}{r}} \tag{7-14}$$

此即为潜水完整井稳定运动时涌水量的计算公式。由于生产上多用地下水位降深（s），因此，上式也可表示为：

$$Q = 1.36K\frac{(2H - h)S}{\lg \frac{R}{r}} \tag{7-15}$$

式中，K——渗透系数（m/d）；

H——潜水含水层厚度（m）；

h——井内动水位至含水层底板的距离（m）；

R——影响半径（m）；

S——井内水位下降深度（m）；

r——井半径或管井过滤器半径（m）。

式（7-14）和式（7-15）就是描述地下水向潜水井运动规律的裘布依公式，此曲线为抛物线型。

三、地下水流向承压水完整井的稳定流

当承压完整井以定流量Q抽水时，经过相当长的一段时间后，出水量和井内的水头降落会达到稳定状态。这就是地下水流向承压完整井的稳定流。其水流运动特征与地下水流向潜水井的稳定流不同之处是承压含水层厚度不变。因此，剖面上的流线是相互平行的直线，等水头线是铅垂线，过水断面是圆柱侧面。在推导下述的承压完整井流量计算公式时，其假定条件和地下水流向潜水井的稳定流相同，选取的坐标系仍以h轴（向上为正）为井轴，沿隔水底板取井径方向为r轴，地下水的过水断面面积为：

$$\omega = 2\pi rh \tag{7-16}$$

在地下水流向承压完整井的过程中，水力坡度也是一个变量，任意过水断面处的水力坡度为：

$$i = \frac{\mathrm{d}H}{\mathrm{d}r} \tag{7-17}$$

裘布依微分方程式为：

$$Q = k\omega i = 2\pi rM\frac{\mathrm{d}H}{\mathrm{d}r} \tag{7-18}$$

对上式进行分离变量，取r由$r_0 \to R$，h由$h_0 \to H_0$，积分得：

$$Q\int_{r_0}^{R}\frac{\mathrm{d}r}{r} = 2\pi KM\int_{h=}^{H_0}\mathrm{d}h$$

$$Q\left(\ln R - \ln r_0\right) = 2\pi KM\left(H_0 - h_0\right)$$

$$Q = \frac{2\pi KM\left(H_0 - h_0\right)}{\ln R - \ln r_0} = 2.73K\frac{M\left(H_0 - h_0\right)}{\lg\dfrac{R}{r_0}} \tag{7-19}$$

令$S = H_0 - h_0$，上式也可写为如下形式：

$$Q = 2.73K\frac{M_s}{\lg\dfrac{R}{r_0}} \tag{7-20}$$

式中，M——承压含水层厚度（m）；

S——承压井内的水位下降值（m）。

式（7-19）和式（7-20）就是描述地下水向承压完整井运动规律的裘布依公式。实践证明，裘布依公式在推导过程中虽然采用了许多假设条件，但该公式仍然具有实用价值，可用来预计井的出水量和计算水文地质参数。

第三节　地下水向非完整井流动理论

一、承压完整井非稳定流微分方程的建立

假定在一个均质、各向同性、等厚的、抽水前承压水位水平的、平面上无限扩展的、没有越流补给的水承压含水层中打一口完整井，以定流量Q抽水，地下水运动符合达西定律，并且流入井的水量全部来自含水层本身的弹性释放，随着抽水时间的延长，降落漏斗会不断扩大，井中的水位会持续下降，但不会达到稳定状态。

在距井轴r处的断面附近取一微分段，其宽度为dr，平面面积为$2\pi r\mathrm{d}r$，断面面积为$2\pi rM$，体积为$2\pi rM\mathrm{d}r$。当抽水时间间隔很短时，可以把非稳定流当作稳定流来处理。

为了研究方便，我们应用势函数φ的概念。承压水的势函数为：

$$\varphi = KMH \tag{7-21}$$

式中，H——非矢量；

K——均质、各向同性的岩石中，可以被认为是一个常数；

M——均一厚度的含水层中是常数。

因此，可将φ视为一个非矢量函数，这样就可以把两个或两个以上的简单水流系统的势函数进行叠加计算，解决复杂的水流系统问题。

某一时刻通过某一断面的流量可以根据达西公式求得，即：

$$Q = 2\pi rKM\frac{\partial H}{\partial r} = 2\pi r\frac{\partial \varphi}{\partial r}$$

$$\varphi = KMH \tag{7-22}$$

在$\mathrm{d}t$时间内，通过微分段内外两个断面流量的变化为：

$$\mathrm{d}Q = 2\pi\frac{\partial}{\partial r}\left(r\frac{\partial \varphi}{\partial r}\right)\mathrm{d}r = 2\pi\left(\frac{\partial \varphi}{\partial r} + \frac{\partial \varphi^2}{\partial r^2}\right)\mathrm{d}r \tag{7-23}$$

根据水流连续性原理，在$\mathrm{d}t$时间内微分段内流量的变化等于微分段内弹性水量的变化，即$\mathrm{d}Q=\mathrm{d}V_{弹}$，则有：

$$2\pi\left(\frac{\partial\varphi}{\partial r}+\frac{\partial^2\varphi}{\partial r^2}\right)\mathrm{d}r=\beta\mathrm{d}V\mathrm{d}p=\beta 2\pi rM\mathrm{d}r\gamma\frac{\partial H}{\partial r}$$

$$\mathrm{d}p=\gamma\mathrm{d}H \tag{7-24}$$

式中，r——水的重力密度。

上式两边各乘以KM值，整理可得：

$$\frac{KM}{\gamma\beta M}\left(\frac{1}{r}\frac{\partial\varphi}{\partial r}+\frac{\partial\varphi^2}{\partial r^2}\right)=K\frac{\partial(HM)}{\partial t}=\frac{\partial\varphi}{\partial t} \tag{7-25}$$

为了计算方便，可以引入几个参数：

导水系数$T=KM$，它是表示各含水层导水能力大小的参数。

贮水系数$\mu^*=\gamma\beta M$，或称“弹性释水系数”，它是表示承压含水层弹性释水能力的参数，是指单位面积的承压含水层柱体（高度为含水层厚度），在水头降低1m时，从含水层中释放出来的弹性水量。

承压含水层压力传导系数$a=T/\mu^*$，表示承压含水层中压力传导速度的参数。

将T，μ^*，a代入上式可得：

$$\frac{\partial^2\varphi}{\partial r^2}+\frac{1}{r}\frac{\partial\varphi}{\partial r}=\frac{\mu^*}{T}\frac{\partial\varphi}{\partial t}=\frac{1}{a}\frac{\partial\varphi}{\partial t} \tag{7-26}$$

这就是承压完整井非稳定流的微分方程。

二、基本方程式——泰斯公式的推导

根据一定的初始条件和边界条件，可以求解上述推导的完整井非稳定流的偏微分方程，即泰斯公式。

在满足推导承压水非稳定流微分方程时所做的假设条件有以下两个：

边界条件：$t>0$，$r\to\infty$时，$\varphi(\infty,t)=KMH$；

$t>0$，$r\to\infty$时，$\lim\limits_{r\to0}\left(r\frac{\partial\varphi}{\partial r}\right)=\frac{Q}{2\pi}$。

初始条件：$t=0$时，$\varphi(r,0)=KMH$。

根据上述的初始条件和边界条件，偏微分方程（7-26）的解为：

$$S=\frac{Q}{4\pi T}W(\mu) \tag{7-27}$$

式中，S——以定流量Q抽水时，距井r远处经过t时刻后的水位降深（m）。

式（7-22）为井函数（指数积分函数），式（7-25）为井函数的自变量。

井函数也可以用收敛级数表示，即：

$$W(\mu)=\int_0^{\omega}\frac{e^{-\mu}}{\mu}\mathrm{d}\mu=-0.5772-\ln\mu+\mu-\frac{\mu^2}{2\times2!}+\frac{\mu^2}{3\times3!}-\frac{\mu^2}{4\times4!}+\cdots \tag{7-28}$$

式（7-28）即为泰斯公式。

从井函数的级数展开式可以看出，当μ值很小时，第三项以后的项数值很小，可忽略不计。井函数$W(\mu)$只取前两项就可以满足计算要求，即：

$$W(\mu)=\int_0^{\omega}\frac{e^{-\mu}}{\mu}\mathrm{d}\mu=-0.5772-\ln\mu\approx\ln\frac{2.25\alpha t}{r^2} \tag{7-29}$$

因此，式（7-27）可近似表示为：

$$S=\frac{Q}{4\pi T}\ln\frac{2.25\alpha t}{r^2} \tag{7-30}$$

将上式化为常用对数，整理后可得：

$$S=\frac{0.183Q}{T}\lg\frac{2.25\alpha t}{r^2} \tag{7-31}$$

式（7-31）被称为雅柯布近似公式，适用于$\mu\leqslant0.01$的情况。当$\mu\leqslant0.01$时，雅柯布近似公式与泰斯公式相比，误差在5%左右。因此，也有人认为，当$\mu\leqslant0.01$时，也可以应用雅柯布近似公式。

三、对泰斯公式的评价

泰斯公式建立在把复杂多变的水文地质条件简化的基础上，即含水层均质、等厚、各向同性、无限延伸，地下水呈平面流，无垂直和水平补给，以及初始水力坡度为零等。正是因为有这些与实际情况不完全相符的假设条件，泰斯公式才无法尽善尽美，具有局限性。泰斯公式的局限性具体表现在以下几个方面：

①自然界的含水层完全均质、等厚、各向同性的情况极为少见，而且地下水一般不动，总是在沿着某个方向时才具有一定的水力坡度。因此，抽水降落漏斗常常是非圆形的复杂形状。最常见的抽水降落漏斗是下游比上游半径长的椭圆形。

②同稳定流抽水相同，当抽水量增加到一定程度之后，井附近会产生三维流区。有人认为三维流产生在1.6 M（M为承压含水层厚度）范围内，而供水水文地质勘察规范认为三维流是在1倍含水层厚度的范围内。

③含水层在平面上无限延伸的情况在自然界并不存在，因此，在抽水试验时只能把抽

水井布置在远离补给边界或隔水边界处。

④泰斯公式假定含水层垂直和水平补给，抽水井的水量完全由“弹性释放”水量补给。实际上，承压含水层的顶板与底板不一定绝对隔水，不论是通过顶板与底板相对隔水层的越流补给还是通过顶板与底板的补给，在承压含水层内进行长期抽水的过程中都会经常出现垂直和水平补给的情况。

第四节　地下水的动态与均衡

地下水动态是指在有关因素影响下，地下水的水位、水量、水化学成分、水温等随时间的变化状况。它反映了地下水的形成过程，也是研究地下水水量平衡及其形成过程的手段。研究地下水的动态是为了掌握地下水的变化规律，预测地下水的变化方向。地下水的补给来源和排泄去路决定了地下水动态的基本特征，而地下水动态则综合反映了地下水补给与排泄的消长关系。地下水动态受一系列自然因素和人为因素的影响，并有周期性和随机性的变化。

一、影响地下水动态的因素

要想全面了解和研究地下水动态，首先应了解在时间和空间上改变地下水性质的各种因素，区别主要和次要影响因素，了解各个因素影响地下水动态的特点和程度。虽然影响地下水动态的因素很复杂，但是基本上可以区分为两大类：自然因素和人为因素。其中，自然因素又可分为气象气候因素、水文因素、地质地貌因素、生物与土壤因素等，人为因素包括抽取地表水体、地下水开采、人工回灌、植树造林、水土保持等。

（一）自然因素

1.气象及气候因素

气象因素中的降水和蒸发直接参与地下水的补给和排泄过程，是引起地下水各个动态要素，如地下水水位、水量及水质随时间、地区而变化的主要原因之一。气温的变化会引起潜水的物理性质、化学成分和水动力状态的变化。因为温度的升高会减少潜水中溶解的气体数量，增大蒸发量，从而提高盐分的浓度。另外，温度升高之后，水的黏滞性降低，表面张力和毛细管带的厚度也随之减少。气象因素具有一定的周期性，而且变化迅速，其变化的周期可分为多年的、一年的和昼夜的。这种周期性变化直接影响着地下水动态，特别是对浅层地下水。

气候因素中的昼夜、季节变化也会影响地下水的动态。昼夜、季节，变化一般是较稳定的、有规律性的周期变化，其引起的地下水变化也具有周期性。尤其是浅层地下水，往往具有明显的日变化和强烈的季节性变化。地下水的季节性变化主要表现为，在春夏多雨季节，地下水补给量大，水位上升；在秋冬季节，补给量减少，同时江河水位低落，使地下水排泄条件得到了改善，因此，地下水的排泄量增加，水位不断下降。另外，气候具有地区差异性，因此地下水动态亦因地而异，具有地区性特点。

2.水文因素

由于地表水体与地下水关系密切，地表水流和地表水体的动态变化必然直接影响着地下水动态。水文因素对于地下水动态的影响，主要取决于地表上的江、河、湖（库）、海与地下水之间的水位差，以及地下水与地表水之间的水力联系类型。

在江、河、湖（库）、海中，河流对地下水动态的影响较大。河流与地下水的联系有三种形式：

①河流始终补给地下水。

②河流始终排泄地下水。

③洪水期河流补给地下水，枯水期地下水补给河流。

当河流与地下水之间产生水力联系时，河流的动态就会影响地下水的动态。河位的升降对地下水位的影响随着离岸距离的增大而减小。

根据水文因素对地下水动态的作用时间，可以将水文因素的变化分为缓慢变化和迅速变化两种类型。缓慢变化能够改变地下水的成因类型，迅速变化能够使地下水的动态出现极大值、极小值，以及随时间改变的波状起伏的平均值。例如，近岸地带的潜水位随地表水体的变化而升降。潜水位距离地表水体越近，变化幅度越大，落后于地表水位的变化时间越短；潜水位距离地表水体越远，变化幅度越小，落后于地表水位的变化时间越长。

3.地质地貌因素

地质地貌因素对地下水的影响一般不反映在地下水的动态变化上，而是反映在地下水的形成特征方面。这是因为地质构造、岩石性质等因素对地下水的形成影响很大。其中，地质构造决定了地下水的埋藏条件，岩石性质影响着地下水下渗、贮存及径流强度。这些因素的变化能够造成地下水动态在空间上的差异性。另外，地质构造决定了地下水与大气水、地表水的联系程度，因此，不同构造背景中的地下水具有不同的动态特征；岩石性质决定了含水层的给水性、透水性，在补给量变化相同的情况下，给水性、透水性差的岩石会出现较大幅度的水位变化。

地震、火山喷发、滑坡及崩塌现象，也能引起地下水动态发生剧变。因为地震会使岩石产生新裂隙和闭塞已有裂隙，导致新泉水出现和原有泉水消失。此外，地震引起的断裂位移、滑坡和崩塌还能从根本上改变地下水的动态，如当含水层受到震动时，井、泉水中的自由气体的含量会增加。地震对地下水动态的影响，为人们利用地下水动态预报地震提供了可能。

4. 生物与土壤因素

生物与土壤因素对地下水动态的影响，除了通过影响下渗和蒸发来间接影响地下水的动态变化外，还包括直接影响地下水的化学成分和水质动态。

土壤因素对地下水动态的影响主要表现为对地下水化学成分的改变。地下水埋藏越浅，这种作用越显著。土壤因素对地下水化学成分的改变主要是指在天然条件下土壤盐分的迁移。土壤盐分的迁移表现为方向相反的两个过程：一个是积盐过程。在地下水埋藏较浅的平原地区，地下水通过土壤毛管上升蒸发，使盐分累积于土壤层中。另一个是脱盐过程。水分通过包气带下渗，使土壤中的盐分溶解并淋溶到地下水中。

生物因素对地下水动态的影响表现在两个方面：一是植物蒸腾对地下水位的影响。例如，在灌区渠道两旁植树，会使地下水位降低。二是各种细菌对地下水化学成分的改变。每种细菌（硝化、硫化、磷化细菌等）都有一定的生存发育环境（如氧化还原电位、一定的pH值等），当环境变化时，细菌的作用会发生改变，地下水的化学成分也会发生相应的变化。

（二）人为因素

人类经济活动的不断增强，在一定程度上改变了地下水的天然状态，促使地下水位升高或降低，并使地下水水质发生变化。近年来，工农业及居民生活用水量不断加大，部分地区产生降落漏斗，出现了区域性水位下降，改变了地下水动态类型。另外，渠道充水及灌溉场地水位抬高，人为地加强了地表水的下渗和侧渗，使地下水水位升高。在人口集中、工业发达的城镇，居民生活、工业排污和农药化肥的长期使用使地下水受到了污染，导致水质变坏。

二、地下水均衡分析

（一）地下水均衡的概念

地下水均衡指一定流域或区域在一定时段内的地下水输入水量、输出水量与蓄水变量之间的数量平衡关系。被选定的进行均衡计算的地区被称为“均衡区”。通常在进行地下水均衡分析时，会选择一个完整的地下水系统或具有明确边界的子系统作为均衡区。进行均衡计算的时段称为“均衡期”，它可以是一个月、一年，甚至是数年。地下水系统储存量变化反映在收支平衡状况。当收入大于支出时，储存量增加，称为正均衡；反之，储存量减小，称为负均衡。

地下水均衡的目的，是希望通过均衡计算评价地下水系统补给量（收入项）与排泄量

（支出项）之间的平衡状况，定量评价或估算地下水资源量，为合理开发地下水资源提供依据。需要注意的是，地下水系统始终与外界进行水量和水质的交换，其收支状况在不断地变化，而水均衡状态取决于补给量（大气降水、地表水渗漏）的变化。因此，选择均衡期时要考虑到降水的年内或年际变化，以年为均衡期，进行不同保证率年降水量或地表水年径流量条件下的均衡计算，评价补给量的保证程度，以便制定地下水利用的长期策略。

（二）水均衡方程式

进行水均衡计算必须充分分析均衡的收入项和支出项，通过水文地质勘察、水文地质试验和收集气象、水文系列资料，确定水均衡方程式。水均衡计算是水资源评价的基础，是一个必不可少的环节，其精度取决于水均衡方程式中各均衡项的精度。

陆地上某一地区在天然状态下总的水均衡的收入项一般包括大气降水量（P）、地表水流入量（R_1）、地下水流入量（W_1）、水汽凝结量（E_1）；支出项一般包括地表水流出量（R_2）、地下水流出量（W_2）、蒸发量（E_2）；均衡期水的储存量变化为ΔR。由以上项目可以得到水均衡方程：

$$P + R_1 + W_1 + E_1 - R_2 - W_2 - E_2 = \ddot{A}R \tag{7-32}$$

水储存量变化ΔR包括地表水变化量（V）、包气带水变化量（m）、潜水变化量（$\mu\Delta H$）及承压水变化量（$\mu_e\Delta H_c$）。其中，μ为潜水含水层的给水度或饱和差，ΔH为均衡期潜水位变化值（上升用正号，下降用负号），μ_e为承压水含水层的弹性给水度，ΔH_c为承压水测压水位变化值。

（三）潜水均衡方程式

水均衡研究有助于了解一个地区地下水的收支与分配情况，但是不能满足对地下水进行详细研究的要求，因此，有必要分别对潜水及承压水进行均衡研究。

潜水均衡方程式的一般形式如下：

$$\mu\ddot{A}H = \left(W_{1\mu} + P_f + R_f + E_c + Q_t\right) - \left(W_{2\mu} + E_\mu + Q_d\right) \tag{7-33}$$

式中，$W_{1\mu}$——上游潜水流入量；

$W_{2\mu}$——下游潜水流出量；

P_f——降水渗入补给潜水量；

R_f——地表水渗入补给潜水量；

Q_t——下伏承压含水层通过相对隔水层顶托补给量（为正值），或潜水通过相对隔水层向下伏承压含水层越流排泄量（为负值）；

Q_d——潜水以泉或泄流形式的排泄量；

E_c——水汽凝结补给潜水量；

E_μ——潜水面或其邻接毛细带的蒸发量（包括土面蒸发及叶面蒸发）。

在不同条件下，此方程式会发生变化。例如，如果凝结补给量很少，E_c 可忽略不计；当下伏承压含水层顶板隔水性能良好，且潜水与承压含水层水头差很小时，Q_t 可以忽略；地势平坦，水力坡度极小，且渗透系数不大时，可认为 $W_{1\mu}$、$W_{2\mu}$ 趋近于零；在无地下水向地表流泄时，可将 Q_d 从方程式中除去。如此，式（7-33）可简化为：

$$\mu\Delta H = P_f + R_f - E_\mu \tag{7-34}$$

这是大多数干旱、半干旱平原地区的典型潜水平衡方程式，属渗入—蒸发型动态。若 $\mu\Delta H$ 趋近于零，可得：

$$P_f + R_f = E_p \tag{7-35}$$

即渗入水量全部通过蒸发消耗。

第八章　各类水文地质勘察

不同种类的水文地质勘查，在勘查目的、勘查阶段划分及任务与要求、勘查技术手段选择、勘察设计编制、采样、地下水资源评价、勘查报告编制内容等方面有较大的差异。水文地质勘察亦称“水文地质勘测”，指为查明一个地区的水文地质条件而进行的水文地质调查研究工作。为合理开采利用水资源，正确进行基础、打桩工程的设计和施工提供依据。包括地下、地上水文勘察两个方面。地下水文勘察主要是调查研究地下水在全年不同时期的水位变化、流动方向、化学成分等情况，查明地下水的埋藏条件和侵蚀性，判定地下水在建筑物施工和使用阶段可能产生的变化及影响，并提出防治建议。

第一节　区域水文地质调查

一、区域水文地质调查概述

区域水文地质调查是中小型综合性水文地质调查，也称为综合性水文地质调查。调查的目的是为国民经济建设和国民经济的长期规划提供水文地质基础。有时，此调查可能会为水文地质任务提供当地水文背景信息。区域水文地质调查的主要任务是概述该地区的宏观水文地质条件，特别是地下水的基本类型及各种类型，地下水的数量和形成条件，以及地下水资源大概数量。

当地水文地质调查的范围通常为数千平方千米。具体范围视任务需要而定，可以是某个自然单元、一个或几个较大的水文地质单元，也可以是某个行政区域。目前，我国中比例尺地形图和数字地理底图数据库，已由过去的1 ：20万改为按国际1 ：25万分幅进行，全国新一轮区域水文地质调查也以1 ：25万比例尺为主，故现以1 ：25万区域水文地质调查为例进行介绍。

二、区域水文地质调查的基本要求

（一）调查区选择和范围确定

1 ：25万区域水文地质调查区域选择，国民经济建设战略，结合当地水文条件和研究程度，优先考虑国家经济和社会发展急需水资源的地区和自然要素，应根据布局和需求确定，或人类造成严重环境地质问题的地区。调查范围通常由当地地下水系统确定。

（二）调查原则

（1）应使用遥感（RS）、全球定位系统（GPS）、同位素水文地质、数值模拟、地理信息系统（GIS）和其他技术方法，数据收集、遥感分析、地球物理勘探，钻井、水文地质测试、地下水动态监测、取样测试、模拟分析、综合研究等手段。

（2）全面收集和分析气象、水文、土地利用、地质、水资源开发利用、环境地质、社会经济状况、调查地区的发展计划、综合研究和数据重点再开发有关的数据和杠杆作用。

（3）应着重于地下水的蓄水、补给、径流和排水条件，并加强对地下水资源、生态和环境功能的评估，以期可持续开发和利用当地地下水资源。勘探深度应达到具有发展前景的含水层（群）的底部。

（4）在国民经济发展，水文地质研究的范围和水文地质条件等方面的调查方法和工作量，结合调查地区的现状、环境地质问题的严重性及地下水资源的开发利用前景；应该基于复杂性综合决策。

（三）调查工作阶段

区域水文调查可以分为六个阶段：

（1）在准备阶段，收集和分类相关数据，进行实地调查，了解水文地质背景条件和该地区的主要问题，弄清主要调查和主要问题。

（2）在设计准备阶段，将根据工作分配文件的要求准备总体设计和年度工作计划，并对设计进行审查和批准。

（3）应按照在检验阶段批准的检验和设计进行工作。

（4）综合研究阶段，根据获得的数据进行综合研究。

（5）准备，检查和检查结果。

（6）性能复制和数据保留步骤。

三、调查内容与要求

（一）基础地质调查

1.地形地貌调查

检查地形的类型及其分布、高度、形状、原点、年龄、材料成分和接触关系，以及地形与地形、地形、埋藏、加固、重新填充、排水和排泄之间的关系。

2.地层岩性岩相调查

（1）研究层级顺序、地质时代、遗传类型、岩性和特征、发生率、厚度、分布和接触关系。

（2）电子的四阶单位的划分应根据含水层系统的结构特征确定。通常应将迟缓岩和碳酸盐岩分为奥陶纪或亚属（组），将变质岩分为边界或组，将含水岩组分为组或节。具有特殊水文地质意义的岩层必须分开划分。沉积和变质岩应记录层序年龄、平版印刷术、颜色、粒度组成、矿物组成、结构结构、孔隙和裂缝、风化性质、地层厚度和地层接触关系。

（3）第四纪宽松的累积层次单元应根据来源类型划分为流派或组。必须记录松散层的成因、年龄、光刻、颜色、粒度组成、矿物组成、结构结构、孔隙裂纹和孔隙现象、可压缩性、渗透性和水分含量。

（4）观察并记录沉积岩中古生物学研究的环境指标，例如，物质组成、结构结构、主要沉积结构、古生物学，并分析沉积层，地下水和水质建立关系。

3.地质构造调查

基于对现有数据的收集和分析，了解工作区域中感知单位，区域结构和新技术运动的位置。遥感分析和表面调查研究了脂质结构的类型、性质、发生、规模、分布、形成年龄、活性和地质意义。

（1）研究折叠结构的类型、形状和规模、光刻和形成的发生、二级结构的类型、特征和分布、储水结构的类型、规模和分布。

（2）研究类型，力学性能和活动度、品位、缺陷顺序、受影响的地层、断层地壳臂和断层的水力性质。

（3）研究结构裂缝的类型、力学性能、发展程度、分布规律、裂缝填充、结构裂缝与地下水储藏和运移之间的关系。

（4）研究可以控制地下水形成的大型结构和树干缺陷。

（二）地下水调查

1.地下水类型、含水层、隔水层调查

（1）分析地下水、地下水埋藏条件、含水层石灰水、电导率和水力特性、地下水质量、地下水产生和加固规律，并描述富水地区和富水层位。检查曝气区域的厚度、光刻、空隙性质、水分含量和表面植被。

（2）调查泉水、含水层、补给源、水流量、水温和水质的类型、位置和暴露条件，并收集或访问水动力学和利用信息。大型泉水（浇筑泉水洪水区等），水系等应调查水域或主要供水区（或水源）的面积，并选择代表性的泉水来监测水的动态。

2. 地下水补给、径流、排泄调查

（1）研究地下水的补给源、补给方法或途径，、分布区和补给量、地下水流出条件、流出区设置方式和流向、地下水排放方式、排水路径和排水区（区）分布。不同含水层、地下水和地表水之间的液压连接。

（2）调查地下水人工补给区的分布、补给方法和补给水平、补给源类型、水质、数量、补给历史、地下水位、水温，、水动力学和现有问题。

（3）有必要测量干旱季节地区的地下水水位，并绘制水位线和埋深图。

（4）应在一个有利的位置选择地表水流量测量值，以计算地下水与地表水之间的补给和排放。

3. 地下水系统边界条件调查

检查本地地下水系统的空间分布，调查内部和外部边界的类型、特征和位置，以及调查人类活动对边界条件的影响。

4. 地下水人工调蓄调查

调查需要建造的人工地下水存储项目的位置、范围和存储条件，并估算调节水库的容量。

5. 地下水开发利用调查

（1）研究采矿位置、数量、密度和出水量的变化。

（2）统计从不同地下水系统，不同采矿水平和管理区域开采的地下水的分布特征。

（3）关于每年地下水开采总量和每个含水层（组）中采矿量的统计调查。

（4）调查当前的地下水使用量，并分别调查和计算工业、农业、生态和家庭用水量。

（5）地下水开采的历史和条件，地下水开采的动态变化、地下水位和水质。

（6）研究地下水开采引起的环境和地质问题。

（7）检查地下水抽取项目的类型和效率，地下水开发和利用。内容如下：河道灌溉，自然灌溉，河流径流变化；河流的水质和污染状况，水库建设时间、位置、蓄水量、引水工作量，引水道的长度和分布、引水量，河道衬砌作业以及河道在非流量期和非周期内的有效利用系数；范围、面积、地面灌溉面积（或井渠混合灌溉面积），年度灌溉渠道数量、配额，单位面积的年度灌溉量、灌溉方式、节水措施和节水预测。

（三）气象水文调查

从调查区域和周围区域收集气象数据，例如，降水、蒸发、温度、湿度、冰冻深度和大雨。调查地表水系统（例如，地表水系统、水库和湖泊）的分布，收集有关主要河流、径流、流量、水位、水质和温度的数据，并调查水库和湖泊的容量和水质。

（四）水文地质条件变化与环境地质调查

从可持续发展和利用地下水的角度研究自然环境和人类活动造成的不利环境地质问题。它主要包括与地下水开发和利用有关的地质环境问题、水质问题和生态问题。降低地下水位，减少地下水资源，地下沉降，地表开裂，海水（盐水）泛滥，生态环境恶化，水污染，分布，陆地盐的分布（或程度），沼泽，地方病等形成条件和原因。

四、调查技术方法与要求

区域水文地质调查的技术方法从资料收集入手，选择遥感技术、水文地质测绘、物探、钻探、抽水试验、地下水均衡试验、同位素技术、地下水动态监测及水、土、岩样分析实验等，各方法的具体要求见表8-1。

表8–1　区域水文地质调查技术方法要求

调查技术方法	要求
资料收集	根据调查工作的目的、任务与要求，有针对性地系统收集基础地质、水文地质、遥感与地球物理勘探、气象水文、环境地质、地下水开发利用、国民经济现状、发展规划及其对水资源的需求等有关资料，经初步分析整理，掌握调查区地质概况、研究程度和存在的水文地质问题，为设计编制提供依据
遥感技术	应尽可能选用多种类型、多种时相的航天、航空遥感影像、数据；遥感解译工作应先于水文地质测绘；野外检验应与水文地质测绘紧密结合；有条件时可根据影像信息和借助计算机技术判别影响降水入渗、蒸发的因素和土壤湿度、地表植被覆盖类型，定量或半定量求取相关水文地质参数；对特殊影像，应选定重点地段进行多时相遥感资料的动态解译分析；对各种地质界线，一般应采用追索法在图像中连续圈定；遥感（RS）解译应与 GPS、GIS 联合用于编制影像地图，实现地质信息的可视化和虚拟再现
水文地质测绘	以地面调查为主，对地下水和与其相关的各种现象进行现场观察、描述、测量、编录和制图
物探	应根据调查任务的需要，结合工作区地形、地貌、探测对象的物理条件和几何尺，以及交通等工作条件，确定地面物探方法和仪器设备；对水文地质钻孔均应进行水文物探测井
钻探	应在遥感解译，水文地质测绘和充分利用以往勘察孔资料的基础上，根据地质资料，合理布置勘察线和勘察网；有目的地布置钻孔并一孔多用，以满足查明水文地质条件、开展地下水资源评价和其他专门任务的需要
抽水试验	对所有水文地质钻孔均应进行分层或分段抽水试验；根据试验目的、任务、含水层的结构、水力性质及试验条件等选择抽水试验类型；原则上按非稳定流抽水，一般宜采用完整井型并用水泵抽水，出水量测量需采用标准堰箱或孔口流量计，抽水孔须下入测水管；动水位测最可采用自计水位仪或电测水位仪

（续表）

调查技术方法	要求
地下水均衡实验	地下水均衡试验场地的位置应选择在具水文地质代表性并能取得均衡要素资料的典型地段；试验方法可根据试验精度要求和试验条件选用地中渗透仪法或零通量面法；通过试验获取降水入渗补给系数、潜水蒸发系数、灌溉水回渗补给系数，含水层给水度等资料
同位素技术	通过采取地下水同位素样品测定地下水的年龄，研究“三水”的转化关系和地下水的形成、演化规律及地下水的补给、径流、排泄条件
地下水动态监测	通过布置监测网对地下水水位、水量、水质、水温、环境地质问题以及气象要素等进行监测；当研究地表水体与地下水关系时，还应包括地表水体的水位、流量、水质的监测
水、土、岩样分析实验	采样进行水质简分析、全分析或专项分析，为水质评价和制定保护地下水资源的策略等提供依据；采集必要的岩土样品进行鉴定、测试和化学分析，为划分岩土类型和研究岩土化学成分对地下水化学成分形成的影响及研究地下水形成条件、地下水资源量评价等提供地质参数

五、地下水资源评价的基本要求

（一）地下水水质评价基本要求

地下水质量的评估应基于对物理性质、化学成分、卫生条件和地下水变化的调查，并结合水文地质条件进行分区、分层和定性评估。地下水水质评估是区域水质评估，包括传统的地下水供应水质评估和地下水水质评估。地下水常规水质评估包括生活饮用水水质评估、农业和生态水质评估及工业水质评估。

（二）地下水资源量评价的基本要求

对当地地下水资源的评估包括计算地下水补给资源、存储和开采资源，以及分析采矿条件。地下水资源的计算方法应根据被调查地区的水文地质条件确定，并应选择数值方法、水平衡方法、分析方法、数理统计方法和其他适合被调查地区特点的方法进行计算和分析。结论地下水资源的计算应充分利用GIS强大的空间数据操作优势，并且应该将GIS技术与地下水流的数值模拟相结合。

六、区域水文地质调查成果

（一）基本要求

综合利用各种数据，以充分反映区域水文地质调查获得的结果并形成区域水文调查报告。建议弄清当地的水文地质条件，正确划分地下水系统，建立水文地质模型以科学评估地下水资源，并弄清被调查地区存在的主要环境和地质问题。为了促进信息的使用和更新，补充和更正，结果必须数字化，并且所有结果都必须带有纸质和CD-ROM托架。

（二）成果主要内容

1.文字报告

（1）前言。包括任务来源、目标任务和含义、任务书编号和关键要求、项目代码、任务开始和结束时间。先前工作区的地质研究水平和地下水的开发利用状况，并计划调查工作的过程和任务的完成，调查工作的质量审查，主要结果或这项调查工作的进展。

（2）地理位置，社会经济发展和水资源。

（3）形成地下水的自然条件。包括气象和水文、地形、地质结构、地质发展历史及新技术运动的特征。

（4）水文地质学。地下水和含水层系统的边界和边界条件，地下水储存条件和分布规则，地下水类型或含水层特征，地下水补给，径流量，排水条件，地下水化学性质和水质评估，同位素水文学（包括地下水成因），地下水丰富的区域等。

（5）环境地质学。包括对与地下水有关的环境地质问题的类型、分布、形成条件以及成因和发展趋势的预测。

（6）地下水资源评估。评价原则，水文地质和数学模型的概念模型，计算方法，水文地质参数确定，自然资源计算，可采量计算和论证水平论证，地下水质量评估，地下水开发和使用状况分析，地下水状况和地下水利用发展潜力评估，采矿计划和数量，以及环境影响评估。

（7）地下水的可持续开发利用和水保护。每个采矿计划中，在对地下水补充程度和可能的环境地质问题进行综合分析的基础上，提出一项开发和使用可持续地下水的计划及节水计划。

（8）结论和建议。调查工作的主要发现，合理利用和保护地下水资源及生态环境的建议、这项工作的问题及下一步工作的建议。

文本报告可以根据工作区中的实际情况添加相关内容。例如，地下热水、矿泉水、矿产资源、钙化古生物学、岩溶发育规律、主要城市供水的水文条件、高密度少数民族的形成条件和分布、研究经费的使用等。

2.附图

主要是地下水资源图、综合水文地理图、地下水化学图、地下水环境图、地下水资源开发和利用图以及其他地图，例如，地形图、地质图、基岩地质图、地下水位（压力等）包括在的内水位线和埋深图等。

3.附件

区域水文地质空间数据库和数据库规范或建设工作报告、特殊任务报告，例如，遥感分析、地球物理勘探、测试、监测、水资源计算等，以及特殊科学研究报告。

4.原始资料

现场调查记录，记录表（或卡片）；实地勘测手绘图，实物图；地质钻探的综合结果清单（包括这一组成和收集）；各种抽样检测报告，鉴定和分析检测报告，以及汇总表；气象和水文数据摘要；地下水动态监测结果汇总表和动态图；地下水源汇总表（包括采矿和评估）；地下水和瓶装水等汇总表。

第二节　供水水文地质勘察

供水水文地质勘察是以地下水作为供水水源，通过各种手段，查明勘察区地下水资源的水文地质条件和人类活动的影响，进行地下水质与量的评价，确定合理的可开采量，并对它的发展趋势做出预报，为地下水合理开发和科学管理提供基础资料的水文地质勘察工作。

在供水水文地质勘察工作开始前，必须明确勘察任务和要求，收集分析现有资料，进行现场踏勘，提出勘察设计或纲要；然后进行勘察工程的施工管理和原始地质编录收集资料；野外工作结束后，应编写供水水文地质勘察报告。水文地质勘察工作的内容和工作量，应根据水文地质条件的复杂程度、需水量的大小、不同勘察阶段、该地区已进行工作的程度和拟选用的地下水资源评价方法等因素，综合考虑确定。这里主要内容是城镇和工矿企业的供水水文地质勘察。

一、供水水文地质勘察的目的、任务和工作内容

（一）供水水文地质勘察的目的

关于水供应的水文地质调查的目的是找到有关地下水、地下水资源、地下水开发和勘探区使用条件的存在的规则，并为选择水源及合理开发和保护地下水资源提供基础。在供水方面进行水文地质调查的重点是描述富水地区，选择水源，评估地下水的可回收量和质量，研究与邻近水源的关系，显示合理的地下水开采计划，预测采矿后潜在的水源产量。环境地质问题和注意事项。20世界70年代之前，我国的供水和水文地质研究主要是寻找和评估地下水资源，只要能够为各个用水部门找到足够的地下水资源，目的就是要覆盖20世界70年代以来的我国许多地区。由于地下水开发利用不合理，引起了一系列环境恶化

问题，水文地质调查供水的目的不仅是寻找和评价地下水资源，而且还为地下水资源的开发，保护和管理提供依据。

（二）供水水文地质勘察的具体任务

（1）了解水文地质条件，地下水开采和勘探区污染情况，确定矿山开采水平和地下水源开发区。

（2）评价地下水资源（即地下水）的质量和数量，提出可接受的发展趋势，并预测开采后地下水、水位和质量的动态变化。

（3）为地下水资源的开发，保护和管理提供水文地质基础。

（4）预测地下水资源开发可能引起的环境和地质问题，并提出科学措施和预防措施。

简单地说，您需要提供设计取水项目所需的水文地质数据（例如，取水项目的类型、项目布局和工程结构选择）。

二、供水水文地质勘察的供水方式

按取水工程的规模、开采方式和开采强度等，可将供水方式分为集中式连续性供水、分散式间歇性供水、零星供水三种类型。它们对水文地质勘察工作的要求各异。

（一）集中式连续性供水

来自城市，大型工厂和矿山的水就是这种类型。其特点如下：

（1）采矿量很高（每天从几万吨到数十万吨），并且单位面积（采矿模块）的采矿强度也很大。

（2）矿井组通常在相互干扰的情况下连续运行，并且数量保证率很高（通常为95%或更高）。

（3）水质要求也很严格。

（4）为了便于管理并节省建设投资，通常将取水工程布置在含水层（带）的特定部分，以进行大深度、大流量的取水。

（5）采矿影响范围很大，通常会覆盖整个含水层的边界。

鉴于这种浇水方法的规模巨大，而且必须确保人们生活和生产的正常秩序，因此，这种浇水项目的水文地质勘测基于规范中规定的勘测程序和勘测工作量，必须严格执行。为了正确选择矿区和矿区，对水资源量做出明确的结论，并对地下水水质进行综合评估，有必要对水源和水文地区的水文地质条件进行全面而深入的研究。采矿计划的部署，水资源的健康保护措施及地下水开采的动态监测系统的提供，为必要的水文地质基础，并对地下水开采可能引起的环境地质问题采取了预测和预防措施。

（二）分散式间歇性供水

该地区的农田灌溉和牧场牲畜供水属于这种类型。其特点如下：

（1）间歇性（或季节性）消耗大量水。

（2）供水保证率的要求不高，一般为75%。

（3）水质要求不如集中式连续供水高。

（4）为了减少输水通道的泄漏损失，通常在含水层分布的整个范围内将进水口大致均匀地布置，并使用田间采矿和田间灌溉。

这种采矿方法可能在一点上没有很大的采矿强度，但是由于井数众多，总采矿量仍然很大。采矿影响范围仍然包括含水层的边界。考虑到这种取水方式的特殊性，只要达到取水量和当地水资源的年度结余或多年结余，就可以保证取水工程的正常运行。因此，这些类型的供水项目的水文地质调查的主要任务是确定当地的水文地质条件，准确评估当地的地下水资源，并与水管理部门合作，合理分配该地区的各种水资源。会规划合理的地下水井布局；应当预测地下水开采可能引起的环境地质问题，并提出预防措施。

（三）零星供水

这种供水方式包括干旱山区的人畜饮水，山区丘陵的灌溉水，工厂、矿山和城市用水很少的水。其特点是总需水量不大（每天300吨），一般只能满足1~3口井的需要。对于这种类型的供水，水文地质勘测的特点是勘探和采矿经常结合在一起。结合现有的水文地质调查或油井数据，可以识别出饮水点附近的岩性水，地质结构和地下水补给条件，以描绘水源丰富的地区，确定特定的油井位置，以及将勘探和生产合并到油井中。

三、不同水源地供水水文地质勘察的要求水源地的类型划分有以下几种方法。

（1）根据水源地供水规模即可开采量，可将水源地划分为四级（表8-2）。

表8-2　水源地规模分级

水源地规模	分级标准，可开采量（$10^4 m^3/d$）
特大型水源地	＞15
大型水源地	5 ~ 15
中型水源地	1 ~ 5
小型水源地	＜1

注：小型水源地供水规模下限可根据各地具体条件制定。

（2）根据地下水的类别、含水层结构、地下水补、径、排条件及水质特征，对地下水勘察的难易程度等，可将水源地划分为“三类九型”（表8-3）。

表8-3　水源地勘察难易程度分类

类型		水文地质特征
孔隙水类	简单型	浅埋的单层或双层含水层，岩性、厚度比较稳定或有规律的变化，补给条件较好、水质简单
	中等型	双层或多层含水层、岩性。厚度不很稳定。补给条件与水质比较复杂
	复杂型	埋藏较深的多层含水层，岩性及厚度变化较大，补给条件不易搞清，水质复杂或成、淡水相间，开采后易与咸水层或海水发生水力联系
岩演水类	简单型	地质构造简单，可溶岩裸露或半裸露。岩溶发育比较均匀。地下水补给边界条件简单
	中等型	地质构造比较复杂，可溶岩埋藏较浅（一般小于50m），岩溶发育不均匀，地下水补给边界条件较复杂
	复杂型	地质构造复杂、可溶岩埋藏较深，岩溶发育极不均匀，地下水补给边界条件复杂
裂隙水类	简单型	含水层比较稳定，补给条件及水质较好，埋织条件比较简单，一般为浅层层间承压水或强烈风化带潜水
	中等型	含水层不稳定，地质构造复杂。补给条件及水质较为复杂，一般为深埋并断续分布的多层层间承压水或断裂带脉状水
	复杂型	地质构造复杂，含水层（带）分布极不均匀，一般为构造裂隙水或断裂带脉状水

（3）根据含水层的类型、特征及分布情况，可将水源地划分为“四类十三型”，各类型水源地除查明一般水文地质条件外，还应根据各自的特点有针对性地查明相应的专门水文地质问题（表8-4）。

表8-4　水源地水文地质类型

类型		分布地区	各类型水源地应查明的水文地质问题
孔隙水类水源地	山间河谷型	狭长山间河谷地区	①河谷与河谷阶地的类型、分布范围，河道的分布范围，河流水文特征；②山区地下水对河谷地下水的补给作用；③地下水与河水在不同的河谷地段和不同时期的相互补排关系；④河水补给地下水途径、补给带宽度、河床沉积物结构，对多泥沙河流还应尽可能确定淤积系数
	傍河型	山前冲积、倾斜平原及山间盆地冲积扇洪积扇地区	

（续表）

类型		分布地区	各类型水源地应查明的水文地质问题
	冲洪积扇型	山前冲积、洪积倾斜平原至滨海平原之间的宽阔平原及大型盆地中部地区	①山前冲洪积扇和掩埋冲洪积嗣的沉积结构、分布范围及水文地质条件；②山区与平原的接触关系，山前断裂与坳陷对冲洪积扇的形成作用，调查本流域范闹内的山区水文地质条件及山区河流与地下水对平原地下水的补给特征；③地下水溢出带的分布范围、溢流量
	冲积、湖积平原型	山前冲积、洪积倾斜平原至滨海平原之间的宽阔平原及大型盆地中部地区	①不同成因类型、不同河系堆积物的沉积关系，岩相特点及水文地质特征；②确定古河道、古湖泊的分布范围；③咸水体的空间分布范围及咸水体与淡水体的接触关系；④第四纪陆相与海相堆积物的接触形式
	滨海平原型	滨海平原地区	①海岸性质、海滨变迁、海水入侵范围及潮汐对地下水动态的影响，确定地下水、河水与海水之间的水力联系和补排关系；②三角洲的面积、河流冲积层和海相沉积层的空间分布位置，尽可能查明三角洲的形成时代和变迁情况；③咸、淡水层的空间分布范围，天然或开采条件下的补、排转化关系
	河口三角洲型	河流入海口及内陆湖三角洲地区	
岩溶水类水源地	裸露岩溶型	碳酸盐岩染大片或块段出露地区	①可溶岩与非可溶岩的界线及分布范围，圈定地下河补给区，大致确定地下水分水岭的位置及其变动情况；②地下河的分布及其大致轨迹；③地下河“天窗”。溶洞深潭、季节性溢洪湖、落水洞、洼地、千谷、地下河出口，以及地表水消失和再现等岩溶地质现象；④基本查明岩溶管道、湖穴、溶孔的发育规律及充填情况，查明岩溶发育程度及垂直分带；⑤调查地质构造，地层岩性、地形地貌、河流水文等因素与岩溶发育的关系，查明有利于岩溶水形成的地层层位，褶皱部位和断裂带等富水地段；⑥调查岩溶大泉的形成条件及主要控制因素，确定岩落大泉的泉城范围、泉流量及泉水下游的地下水排泄量；⑦选择典型地段分别在早季、雨季和洪峰期进行连通试验，以查明地下河连通情况和地下水的流向、流速、流量以及岩溶水在各通道之间、岩溶水与地表水之间的相互转化条件和补给关系；⑧对大型洞穴应进行专门调查与测量

（续表）

类型		分布地区	各类型水源地应查明的水文地质问题
岩溶水类水源地	隐伏岩溶型	岩溶地层大部分敏其他地层覆盖地区	①盖层类型（松散层或碎屑岩类盖层或双重盖层）、分布及厚度、盖层中的含水层与下伏岩溶含水层之间的关系，以及岩溶水的水力特征；②岩溶发育的主要层位，深度及其发育特征，着重研究地质构造与岩溶发育的关系；③确定主要岩溶洞穴通道的大体空间分布位置、充填情况、岩溶水的富集规律与边界条件；④当隐伏岩溶区相邻的补给区或排泄区为裸露岩溶时，应利用邻区水文地质资料，综合分析补给与排泄条件，作为该区岩溶水资源评价的依据；⑤岩溶矿区，应充分收集矿区水文地质资料，研究供排结合的可能性
裂隙水类水源地	红层孔原裂隙型	主要指三叠纪以后、以红色为主夹有杂色薄层的泥岩、砂岩、砾岩分布区	①红层中的溶蚀孔洞发育规律，以及砂岩、砾岩岩层的分布、厚度及富水性；②浅层孔原裂京潜水富集部位；③褶皱、断裂及裂隙对地下水富集规律的控制作用
	碎屑岩裂隙型	指侏罗纪以前的以砂岩、页岩为主的地层分布区	①软硬相间地层组合情况及其中硬脆性岩层的厚度及裂隙发育程度，确定其局部富水地段，查明单一硬脆性岩层的断裂构造富水带；②可溶岩夹层的分布、币蚀程度。确定其富水性；③不整合面和沉积间断面上出露的泉及其裂隙富水带
	玄武岩裂隙孔状型	主要指新生代玄武岩分布区	①各期玄武岩顶气孔带、底气孔带、原生柱状裂隙，大型孔洞的发育特征和空间分布规律及含水性能，各喷发间断期的沉积物特征及分布规律；②玄武岩裂隙、孔洞发育层与凝灰岩等隔水层接触带富水情况
	块状岩石孔隙裂原型	主要指火成岩、片麻岩、混合岩分布区的风化带、接触带、断裂带	①风化壳的性质、深度、分布规律和含水性能，确定具有一定汇水面积的富水地段；②岩浆岩围岩接触蚀变带的类型、宽度、破碎情况和裂隙发育程度及其富水情况；③脉岩的岩性，产状、规模、穿插关系、透水性，以及脉岩迎水面裂隙带和脉岩与断裂相交部位的富水程度；④断裂带与节理密集带的产状，规模、充填及富水情况
混合类型		两种或两种以上水源地类型分布区	

四、供水水文地质勘察的勘察阶段划分

尽管根据供水类型的不同，调查步骤略有不同，并且调查部门具有不同的调查规格，但分离步骤的基本原理是相同的。每个部门对每个阶段的具体要求各不相同，并且随着勘探工作的发展和技术的进步、各种规格的内容也在不断修订和完善。

（1）根据《供水水文地质勘察规范》，浇水的水文地质调查可分为四个阶段：一般调查、详细调查、勘探和开采，每个阶段都有自己的工作和准确性。

（2）根据《城镇及工矿供水水文地质勘察规范》，供水的水文地质调查以区域水文地质调查为基础。测绘工作分为四个阶段：初步论证，初步测绘，详细测绘和开采，测绘精度必须满足相应供水设计阶段的要求。

a.示范的早期阶段。在收集和分析现有水文地质数据及对地下水开发利用进行调查的基础上，粗略地计算地下水资源，进行供需平衡分析，并描绘有水供应前景的富水地区。水文地质调查与探索，水文地质条件的初步识别。所提供的地下水资源必须满足D级的要求，并为城市和经济区的规划，大型建筑项目的总体设计（预可行性研究）及选址提供水源。

b.初步调查步骤。比较富水地区并选择用于特定浇水目的的水源。需要基本确定当地水文条件，对地下水资源进行初步评估，对集中供水的可行性进行评估，确定水源布置的有利位置，详细调查工作的内容和方法。提供的地下水资源必须满足C级的要求，并为建设项目的初步设计（可行性研究）提供地下水源。

c.详细的调查步骤。根据初步研究工作或根据可用数据得出的表明适合建造水源的地段，应列入国家计划或由另一方要求。在主要通过钻探和测试对水文地质条件进行详细调查的基础上，有必要可靠地评估地下水开采技术的条件，确保长期开采，建立，初步分析和预测分析模型或地下水渗漏数值模型。采矿过程中地下水资源的变化趋势，采矿对附近现有水源的影响及可能的环境地质问题为设计项目的水资源设计提供了技术基础。提供的地下水资源必须符合B级要求。

d.采矿阶段。对于中型和大型水源站点，在采矿过程中检查地下水资源，并寻找潜在的水源扩展。对减产、水质恶化和不利的工程脂质现象问题进行专门的调查研究。如有必要，将添加调查。实验和其他手段；改进地下水动态监测系统，利用采矿中的地下水动态数据，以及补充勘探和测试数据，地下水A级资源计算，地下水开发计划和水资源保护措施建议，有条件时的地下水管理设置模型和数据库。

在开发建设区域进行水资源宏观规划时，通常有必要进行初步验证工作，但是对于某些建设项目，可能不执行此工作步骤。水文地质条件简单，研究程度高，基本确定了中高级水源，可以将初步研究与详细研究结合起来。水原地区扩展的补充水文地质调查必须符

合详细调查阶段的准确性要求。

五、供水水文地质勘察对勘察手段及其工作量的要求

通常使用诸如遥感、水文地质调查、地球物理勘探、钻探、水文地质测试、地下水流行病学观察和分析以及对水、土壤和岩石的评估等综合方法来调查供水的水文地质。但是，由于调查区域不同，因此采用的调查方法也不同。在数据很少或没有开采的一般地区，必须完成完整的调查工作程序，而在已经开采的地区，通常需要补给。

根据不同的水源类型、不同的勘探阶段和其他水文地质条件，应选择调查方法，并特别强调当地条件。为了提高调查的准确性并减少工作量，应尽可能使用系统工程和先进的技术。

（一）对水文地质测绘的基本要求

水文和水文调查主要用于试点调查和一般调查的早期阶段（或计划和选址，初步设计），而在详细调查和采矿阶段则很常见，但在岩石条件非常复杂的岩石地区除外。不需要在映射上进行投资。数量水文地质测绘技术定额应根据勘探阶段的目的任务、水文地质条件的复杂性和研究程度合理安排，不能同等使用。在解决水文问题并满足相应勘探阶段的准确性要求的前提下，不可能简单地跟踪工作量。

水文地质勘测和地图的范围应是合理的，太大会造成浪费，太小则无法把握当地条件，因此，必须推迟施工时间，因为它们不能满足水评估或设计用水的要求。测绘区域的大小取决于用水量、充足的供水量和供水阶段，并且通常应包括完整的水文地质单位（或地下水系统）。如果需水量不高且含水层扩大了很大，则可以通过估算的采矿影响范围（采矿供应范围）来确定。

（二）对物探的基本要求

地面物探工作一般在初步勘察阶段进行，在详细勘察阶段只做些补充工作。工作量可参照相同比例尺的物探规程、规范执行。物探方法在供水勘察中主要被用于以下几个方面：

（1）在水文地质勘测中，可以使用多种接地电气方法来检测隐蔽地层和各种地质界面，而重力、磁和地震勘测方法可以用于覆盖覆盖层的厚度，基底变化和基底破坏，还可以检测航空地球物理技术，还可用于供水调查，例如，使用红外技术查找和描述地下水分布区域，海底和湖底的冷热水，热异常污水以及河流和运河两岸的淡水。适当选择一些地球物理方法，不仅可以减少现场工作量，而且可以提高测绘结果的准确性和地质推断的可靠性。

（2）一些地球物理方法通常与其他方法一起用于寻找地下水源，确定含水层和富水区域的位置并为钻孔或批次的放置提供可靠的证据。

（3）通过将各种物理探测井技术与钻井相结合，可以可靠地划分钻孔的溶酶沉积区，并确定含水层（区域）、岩溶和裂缝发育区、地下咸淡水界面的位置。

（4）地球物理方法可有效测量含水层的特定水文参数，例如，地下水速度和方向、地下水矿化、井眼流速、抽水井的影响半径和岩石孔隙度。

地球物理方法可以解决许多水文地质问题，但是由于各种地球物理方法都受客观条件的限制，因此通常可以通过多种解释来解释结果，因此，必须与其他钻探和测试方法结合使用。水文地质学家需要与地球物理学家合作以获得更好的结果。

应综合分析物理勘测数据以及地质条件，并提出地球物理结果和相应的水文地质解释。

（三）对钻探的基本要求

钻探作业在供水水文地质调查中占据着最重要的位置，是最耗时、最耗资的工作，也是获得投资少的水文地质数据的关键。因此，钻孔作业必须仔细对准并精心设计。钻孔的布置应在水文地质调查和地球物理勘探的基础上进行，并应能够确定被调查地区的水文地质条件，获得相关的水文地质参数并评估地下水资源。在集中供水调查的几个阶段，钻探安排的主要原则是：

在人口普查、城市规划和设计或选址阶段，钻井的主要任务是利用几个钻孔来确定该地区水文和地质状况的一般变化，并确定该地区水资源丰富的地层和地下水资源，调查评估总和并大致查看。测量线应沿着该地区最大的水文地质条件的方向放置。在确定钻孔位置时，其目的是能够露出该地区最有希望的含水层（区域）。

在详细调查或初步勘探阶段，钻井工作将提供水文地质数据，以比较各种取水计划（或水源区域）。为了达到这个目的，钻探工作量只能分配到尽可能多的富水区域，钻孔应主要放置在有代表性和可控制体积的区域。如果不需要进行计划比较，则钻探工作将确定开发区域的范围，并且可以根据当前提出的评估地下水资源的方法的要求来安排钻探。

在勘探或勘探阶段，钻探的主要任务是获得水文地质数据，以评估已确定水源中的地下水资源和设计取水口项目。这是钻探工作量最大的阶段，钻孔应提供建立地下水地质评估中的水文地质概念模型所需的数据，并进行计算以了解水位、含水层结构和参数，需要在该区域中放置多条测量线。另外，有必要在含水层的边缘钻孔，以确定边界的位置和特征。为了计算地下水的补给量，必须在填充区中放置钻探或测量管线。

（四）对抽水试验的基本要求

抽水测试对于获得计算地下水量所需的数据很重要。随着探索阶段的加强，抽水测试任务的状态及获取参数的要求和准确性变得越来越重要。用于特定勘探项目的大型井抽测试通常需要几个月的时间，而且价格昂贵。因此，水务测量师应认真准备这项工作。

在初步调查阶段，应为特定供水很重要或同一含水层中有其他富水部分的含水层（区域）安排一定数量的抽水试验。通常，单孔抽水测试就足够了，并在钻孔中进行。

在进一步调查的阶段，必须抽出所有含水层裸露的钻孔。为了获得可靠的水文参数，有必要进行尽可能多的多孔抽水试验。还应进行群孔干扰抽水试验，以满足地下水资源评估和取水工程设计的需求。

抽水测试的特定工作量在某些规范中指定。在批量钻孔设计中，应同时考虑泵送测试孔的位置。仅当钻孔不满足抽水测试的特殊要求时，才设计特殊的抽水测试孔。

（五）岩（土）样分析工作量

对松散层地区的取芯孔应取粒度分析样。每个中型以上水源地尽量选取一两个钻孔采集孢粉、微体古生物、古地磁等分析样品。对基岩地区、每个中型以上水源地应选一两个钻孔采集岩石镜下鉴定样品；可溶岩应同时采取岩石化学分析样品。

（六）地下水动态观测

地下水动态观测范围应大于勘察区的范围。观测孔密度可按表8-5的规定执行。观测孔尽量利用已有钻孔或其他水点，必要时可布置专门地下水动态观测孔。

表8–5　地下水动态观测孔密度（个/km^2）

勘察阶段	孔隙水	岩溶水		裂隙水
		裸露岩溶型	隐伏岩溶型	
初步勘察阶段	0.30 ~ 0.50	0.05 ~ 0.20	0.03 ~ 0.10	0.05 ~ 0.20
详细勘察阶段	0.30 ~ 0.50	0.20 ~ 0.40	0.10 ~ 0.30	0.20 ~ 0.40
开采阶段	0.20 ~ 0.40	0.10 ~ 0.30	0.10 ~ 0.40	0.10 ~ 0.30

注：供水水文地质勘察工作量，应根据水源地水文地质类型及水源地勘察难易程度分类来确定，简单型取工作量下限定额、复杂型取上限定额、中等型取中间值。

（七）同位素技术

同位素技术在供水水文地质勘察中有以下几个方面的用途：

（1）使用同位素技术分析地下水的循环机理。通过确定地下水中同位素（主要是氕、氘、18O）的含量和分布，可以了解地下水的来源、流动动态、含水层之间的液压连接、补给源，以及新旧水的混合、循环时间等。

（2）水体的年龄可以通过水体的同位素含量来确定。目前，有^{14}C，^{3}H，^{32}Si，^{39}Ar和$^{234}U/^{238}U$确定水体年龄的方法，其中，只有^{3}H和^{14}C方法相对成熟，其余方法仍处于勘探阶段。

（3）使用同位素研究地下水中溶质的迁移机理（水化学成分的追踪剂）。一些同位素在运入多孔介质体内时具有恒定的组成和出色的测量性能，因此，它们可用作示踪剂来解释地下水污染的程度并确定溶质，例如，含水层的分散系数和孔隙度运动参数。目前，有许多半衰期短，放射性低的人工同位素，如：^{82}Br、eco。

第三节　水利水电工程水文地质勘察

通常，用于节水和水电项目的水文地质调查应与工程地质调查相结合。但是，在灌溉区，严重渗漏和大洪水的地区，以及复杂的水文地质条件下，应进行专门的水文地质调查。如果在施工过程中水文地质条件发生重大变化，并且对相关的工程设计方案进行了重大调整，如果在项目运营期间发生了严重的水文地质问题，则可以根据需要进行专门的水文地质调查。如果满足以下条件之一，则可以由具有复杂水文地质条件的地区来确定水利和水利工程领域：①岩溶发生区；②含水层形成变化较大的含水层；③复杂的地下水补给，径流和排水条件或明显的地下水异常水平；④脂质结构复杂，岩石渗透性强；⑤高水头的有限含水层分布。

水利水电工程水文地质勘察的目的是查明水利水电工程所在区域地下水的赋存条件及运动规律，为水利水电工程的施工安全及正常运行或为病险水利工程的除险加固提供设计依据。

水文地质调查应遵循以下基本程序：收集和分析项目区域中的现有数据，并执行现场水文任务，包括水文地质测绘、地球物理勘探、钻探、测试和水文地质检查、观察、分析和预测，并编辑技术结果。

一、水利水电水文地质勘察的勘察阶段划分

专业水文地质调查的调查步骤应与节水、水电项目地质调查的有关规定相一致。根据《水利水电工程地质勘察规范》的规定，大型水利水电工程地质勘察应分为规划、工程方

案、可行性研究、初步设计、招标设计和施工详细设计。项目建议阶段的调查工作应分为三个阶段：可行性研究阶段的深入要求，风险库加固项目的调查，即安全评估，可行性研究和初步设计。根据《中小型水利水电工程地质勘察规范》，中小型水利和水电项目的地质调查应分为四个调查阶段：规划、可行性研究、初步设计和技术设计。对于地质条件简单的小型项目，可以适当组合调查步骤。每个勘探步骤的工作必须适应该步骤设计的工作深度。

二、水利水电工程水文地质勘察的目的、任务、内容及勘察方法

下面，对水利水电工程中水库区、坝（闸）址区、地下洞室、渠道、灌区、堤防、边坡、岩溶区水文地质勘察做简要介绍（表8-6）。

表8–6　不同水利水电工程区水文地质勘察的目的、任务、内容、方法

	目的任务	勘察基本内容	勘察方法及主要水文地质问题评价
水库区（渗漏、浸没）水文地质勘察	查明水库区水文地质条件、为工程设计提供依据；分析和评价与水库渗漏、浸没等有关的水文地质问题	地形地貌条件，重点是单薄地形分水岭、河间地块、古河道等以及临近库岸的农（林）作物区、建筑物区；地层岩性特征，隔水层、透（含）水层的空间分布及渗透性；地质构造发育特征、渗透性及其与水库的关系；地下水的类型及其补给、径流、排泄条件，地下水位及其动态变化，地下分水岭位置及高程	包括水文地质测绘、钻探、试验、地下水动态长期观测等；对水库渗漏、水库浸没问题的评价
坝（闸）址区水文地质勘察	查明坝(闸)址区水文地质条件，划分坝(闸)址区岩土体渗透结构类型，进行岩土体渗透性分区；分析评价坝(闸)址区可能存在的坝基及绕坝渗漏，渗透变形坝基基坑涌水等主要水文地质问题，为水工建筑物和防渗、排水工程设计提供有关的水文地质资料及建议	各透（含）水层和相对隔水层的岩性、厚度、渗透性及其空间分布规律，古河道的分布规律及其渗透性；褶皱、断层、软弱夹层、裂隙和岩体风化卸荷带的分布规律及其渗透性，尤其是集中渗漏带的分布特征及其与地表水的连通条件；地下水补给、径流、排泄关系，各含水层地下水位及其动态变化规律，地表水和地下水的水力联系；地表水和地下水的化学特性、环境水对混凝土的腐蚀性评价、环境水对混凝土腐蚀的评价应符合《水利水电工程地质勘察规范》的有关规定；水文地质边界条件，岩土体渗透结构类型，岩土体渗透性分区；重大工程坝基、坝肩岩体的各向异性渗透特征及其在高水头下的渗透性；对坝基及绕坝渗漏、渗透变形、坝基基坑涌水等水文地质问题进行分析评价，提出相应的工程处理建议；进行坝（闸）址区水文地质观测、施工期水文地质巡视及分析预报，提出对有关问题的处理建议	包括水文地质测绘、物探、钻探、试验、观测与巡视、分析预报与建议等；对坝基及绕坝渗漏问题、坝基基坑涌水问题、坝基土渗透变形问题的评价

（续表）

	目的任务	勘察基本内容	勘察方法及主要水文地质问题评价
地下洞室水文地质勘察	查明地下洞室区的水文地质条件，为工程设计和施提供水文地质资料及处理建议；预测地下洞室区可能的涌水量、外水压力分布、突水突泥等问题，分析评价工程活动对当地水文地质环境的影响	地层岩性，岩层产状，地质构造，主要断层、破碎带、裂隙密集带的空间分布、规模、性状、组合关系及其与地表溪沟的连通情况；岩（土）层透水性，含水层、汇水构造、强透水带的分布、埋藏条件及其富水性；洞室地段岩溶发育规律，主要洞穴的发育层位、规模、连通与充填情况、富水性；地下水位、水温、水压，地下水动态变化特征，地下水补给、径流和排泄条件，地下水与地表水的水力联系；地下水的化学特性及其对混凝土的腐蚀性、环境水对混凝土腐蚀的评价应符合《水利水电工程地质勘察规范》的有关规定；预测涌水和突泥的可能性及其对围岩稳定和环境水文地质条件可能的影响，估算最大涌水量；预测可能的外水压力	包括水文地质测绘、物探、钻探、试验、观测与巡视、分析预报与建议等；对地下洞室涌水问题的评价、地下洞室外水压力问题的评价、地下洞室突泥问题的评价
渠道水文地质勘察	查明渠道沿线的水文地质条件；分析和评价渠道渗漏、浸没等水文地质问题，提出预防及处理建议	渠道沿线地形、地貌，地层岩性，岩土体的渗透性，可溶岩地区喀斯特赋水特征；傍山渠道沿线岩土体、构造赋水特征及其对边坡稳定的不利影响；渠道沿线地下水类型、地下水位及其动态变化，地下水与地表水的水力联系，环境水对混凝土腐蚀性；对渠道渗漏、渗漏引起的浸没及盐渍化、渠道开挖涌水等问题进行分析评价；预测渠道运行期间两侧水文地质条件的变化及其对工程和环境的影响	包括水文地质测绘、物探、钻探、试验等；对渠道渗漏问题的评价、渠道浸没问题的评价、渠道开挖涌水问题的评价
地下洞室水文地质勘察	查明灌区水文地质条件；对灌区地下水资源进行计算与评价；查明灌区土壤盐渍化、沼泽化现状，分析由于农业开发对地下水环境所产生的影响，提出防治土壤盐渍化、次生沼泽化的建议	水文、气象、农田水利及水资源利用状况；区域水文地质条件及地下水资源量；灌区地形、地貌、地层岩性、地质构造和水文地质条件；主要含水层补给量、储存量和可开采量；根据灌区的发展与规划情况，分析预测潜水位变化趋势；土壤盐渍化的类型、程度及其分布特征；地下水与土壤的水盐动态平衡；分析确定土壤盐渍化的潜水临界深度和地下排水模数；提出地下水开发方式，以及防治土壤盐渍化、次生沼泽化等土壤改良措施的建议	包括水文地质测绘、物探、钻探、试验（抽水、注水、渗水、土样））、对地下水和土壤的水盐动态观测；进行地下水资源评价、土壤盐渍化评价

（续表）

	目的任务	勘察基本内容	勘察方法及主要水文地质问题评价
渠道水文地质勘察	查明工程场区的水文地质条件，为堤防工程设计提供水文地质资料；对可能产生的水文地质问题做出评价，提出预防及处理的地质建议	堤基地质结构，地层岩性，岩土体透水性，基岩区断层破碎带、裂隙密集带的发育特征，堤基相对隔水层和透水层的埋深、厚度、特性及其与地表水的水力联系堤线附近埋藏的古河道、古冲沟、渊、潭、塘等的分布与性状特征，堤基土洞、岩溶洞穴的分布、规模及充填情况，分析其对堤基渗漏、稳定的影响；已建堤防自建成以来所产生的渗漏、渗透稳定等情况；地下水补给、径流、排泄条件，各含水层地下水位及其动态变化规律，井、泉分布及水位、流量变化规律，地下水、地表水化学特性及其对混凝土的腐蚀性；对堤基渗漏、渗透稳定等问题进行分析评价，提出工程处理建议；对采用垂直防渗的堤段应预测其对环境水文地质条件的影响	包括水文地质测、物探、钻探、室内试验及抽水试验、注水试验、压水试验等适宜的原位试验方法；堤基土渗透变形问题的评价、堤基渗漏问题的评价
边坡水文地质勘察	查明边坡地段的水文地质条件；研究分析地下水对边坡稳定性的影响，为工程边坡设计处理提供水文地质资料	各透（含）水层、相对隔水层的岩性、厚度、渗透性及空间分布特征；地下水补给、径流和排泄条件，各含水层地下水位及其动态变化规律，地表水与地下水的水力联系；地下水出露情况，主要包括泉井类型、出露高程、涌水量及其动态变化，勘察洞及天然洞穴内地下水的出渗情况、变化规律及其与周边地质环境的关系；分析评价地表水（包括库水）和地下水活动可能产生的冲刷、溶解、软化、潜蚀、静水压力和动水压力的变化等对边坡稳定性的影响；分析评价降水入渗、泄水雨雾对边坡稳定性的影响	包括水文地质测物探、钻探、试验观测等
岩溶区水文地质勘察	查明水库及建筑物区的岩溶水文地质条件；对工程场地存在的岩溶水文地质问题进行分析和评价，为工程设计和施工提供处理建议	岩溶地貌发育特征及其与邻近河流之间的关系，可能出现渗漏的低邻谷高程、距离，河弯捷径长度，本河流裂点及下游排泄基准面高程、距离等；新构造运动特点及其对岩溶发育的控制作用，褶皱、断裂性质及空间展布情况；岩溶特征、规模、分布、发育规律，岩溶洞穴类型、规模、充填物及其空间分布规律，延伸性及贯通性，岩溶发育随深度的变化情况等；对岩溶化岩组的分类；相对隔水层的岩性组合特征、厚度、延伸分布及其封闭条件；可溶岩沟通库内、外或坝址上、下游，组成统一的岩溶含水系统情况；岩溶含（透）水层的类型及其富水性、透水性；岩溶水补给源、补给方式和渗流条件、形式；岩溶水流动系统的边界和水文地质结构特征、水动力特征；地下水水位、流量、水质的动态变化规律，地下水分水岭位置、高程；对岩溶渗漏及建筑物区渗透变形问题进行评价，提出防渗处理建议	包括水文地质测绘、物探、钻探、试验、观测等；对岩溶区水库渗漏问题的评价

三、水利水电工程水文地质勘察成果

通过系统地组织和综合分析各种类型的水文地质数据，应编制和提供适合工作深度的水文地质调查结果报告。水文地质调查的结果通常作为工程地质调查报告的一部分提供，或者可以根据需要准备单独的水文地质调查报告。

作为《工程地质调查报告》一部分的《水文地质调查报告》应包括工程（建筑）地区的水文地质条件，主要水文地质问题，结论和建议，介绍工程（建筑）区域的地质概况，水文地质条件，专门的水文地质问题和评估，结论和建议。每个部分的细节应根据项目的实际问题确定。

第四节　其他领域水文地质勘察

一、农田灌溉水文地质勘察

开采地下水作为灌溉用水具有以下优点：①地下水资源比较稳定，年内和年际间变化小，灌溉保证率高；②井灌工程输水线路短，灌溉水利用率高；③投产时间短，收效快，便于群众自办；④可节省大量的投资。

（一）农田供水水文地质勘察的特点

农田供水的水文地质勘察涉及一些特殊的水文地质问题，与城镇供水水又地质勘察相比，它具有以下特点：

（1）施行“边打井，边做抽水试验”的探采结合形式。平原上用于农田采矿的地下水通常面积大，分布广泛且在采矿时集中，需要快速补给，泵的易于匹配和较低的开采成本。因此，浅层地下水是灌溉的主要来源。水文地质调查应分为一般调查阶段、初步调查阶段和详细调查阶段。在井灌区的初始设计期间，有必要根据井灌规范的要求，在相应的水位上进行初步的地质或详细的勘探阶段以及水文地质调查，但在此阶段，许多水文地质、生理、钻探、实验和水资源评估需要观察大量的水文数据，这些数据可能很昂贵，通常是农田水管理部门无法企及的。水文在实际工作中在地质调查阶段的基础上，对农田灌溉生产井进行抽水试验，并将采矿与勘探结合起来。同时，在开发区地下水资源评价中，还应进行分步开采和分步评价，避免盲目、不合理的井位布置和开发。

这样，可以提前确保用于农业生产的地下水开采时间，并在地下水量未知的情况下避免严重的过度开采，从而减少大量地下水的水平。

（2）农田灌溉供水季节性很明显，评价时应以丰补歉。灌溉地下水与工业采矿不

同，后者基本上全年都是平衡的，灌溉采矿是季节性且不均匀的。例如，在干旱季节，地下水抽取量很大，但地下水补给量很少；在雨季（洪水季节）中，地下水补给量很多，地下水量也很少。因此，在计算灌溉区的水供需平衡时，要充分利用地下水灌溉的好处，有必要考虑含水层中体积控制的影响。

（3）在进行地下水资源评价时，不能将天然补给量的多少作为评价根据，而应根据开采状态下地下水补给量和消耗量的变化来评价。在自然条件下，一般地区的地下水水力斜率和渗透率很小，水平运动缓慢，地下横向补给水位最低，造成地下水补给的主要原因是降雨入渗，地表水渗透和灌溉。水的渗透、地下水的主要消耗仅是由于蒸发，而地下水的动力学属于渗透蒸发类型。移动特征是垂直充填和排水，多年平均总充填量和多年平均地下水消耗量基本平衡。但是，开采地下水时，这种平衡将被打破，地下水的补给和消耗量将发生变化。在地下水深度较浅的地区，开采地下水后，地下水水位降低，潜水蒸发减少，雨水渗透和地表水渗透增加。因此，采矿条件下的地下水补给量比采矿前的自然补给量（自然电荷量）大，蒸发量相反，采矿条件下的补给量小于非采矿条件下的补给量。因此，在评估地下水资源时，不应将自然补给作为评估标准，而应在充分考虑开采条件下的地下水补给和消耗变化的前提下，评估地下水的允许使用量。

（4）丘陵地区和平原地区地下水资源的计算方法大不相同。平原第四含水层相对较深，主要以垂直入渗补给为主，地下流出较慢，且垂直沉积在平原上可停留较长时间。丘陵地区主要由基岩组成，地下水主要是裂隙水、岩溶水和少量第四纪含水层。基岩地区的地下水开采条件很差，无法大量开采，而地下水只能在河谷的第四蓄水层开采。山谷一般呈条带状，地势宽阔，地下径流大，降雨泛滥，灌溉水不能长时间停留在山谷中，而是迅速流入河流，地下水资源主要为河流。因此，应根据采矿过程和地表水供需平衡的计算方法，从丘陵地表水量中减去以河谷或丘陵地带岩石区的井形式抽取的地下水量。在水文径流计算中，一般不需要因水量少而减少用水量，也不需要从丘陵地区的水供需平衡计算中减去用水量。

（5）地下水和地表水联合应用。一般在干旱季节才利用地下水灌溉；在汛期，当降雨量大、河水多时，一般仅利用地表水灌溉，让地表水在灌溉过程中入渗补给地下水。能全部利用地表水灌溉的年份（丰水年份），可不再抽取地下水，使灌溉水入渗弥补干旱年份被超采的地下水。因此，在进行水量平衡计算时，不能把农作物所需的水量全部作为地下水的开采量，而应从农作物所需的水量中扣除地表水的用量后，才是需要开采的地下水资源量。

（二）平原地区灌溉需水量的供需平衡计算

1.地下水补给量的计算

可用地下水量是指可以供应到矿区地下蓄水层的水量，以供水量表示，开挖量超过供水量会降低地下水位，因此开采量不能超过供水量。

进入含水层的补给水量如下：降水的渗透和补给，地下水溢出到该地区以外，地表水（包括河流、湖泊、水库、运河）的渗透和补给，农田灌溉补给，溢流补水。

（1）降水渗入补给量。按式计算：

$$Q_{降水}=10^3 aPF \quad (8\text{-}1)$$

式中，$Q_{降水}$——降水渗入补给量，m^3/a；

P——多年平均年降水量，mm，可由水文图集中查得；

F——降水渗入补给面积，km^2；

a——降水入渗系数，如无法求得，可取含水层岩土样颗粒分析，确定岩土类后，查相关手册取经验值。

（2）湖泊、水库、河渠等地表水渗入补给地下含水层的量。按式得：

$$Q_{河集}=\mathrm{KIALT} \quad (8\text{-}2)$$

式中，$Q_{河集}$——河渠渗入补给量，m^3/a；

K——渗透系数，m/d，可由抽水试验资料确定；

I——垂直于计算剖面方向上的水力坡度，可由地下水等水位线算出；

A——单位长度河段计算的剖面面积，m^2；

L——计算河段长度，m；

T——渗入补给时间，d/a，为年内河道水位高于岸边附近地下水位的平均时间。

（3）农田灌溉渗入补给量。此值可根据事先已确定的农田灌溉回归入渗系数β，然后计算出灌溉回归渗入补给量I_r（$I_r=\beta I_{灌}$，$I_{灌}$为灌溉水量，mm），再累计并换算为$Q_{灌回}$（m/a）。一般而言，灌溉回归渗入补给量为灌溉水量的15%左右。

（4）越流补给量。当深层承压水水头高于浅层潜水位时，通过弱透水层的水量即越流补给量可按式或利用抽水试验资料求得，再累计为年越流量$Q_{越}$（单位为m^3/a）。

（5）总补给量。可按式计算：

$$Q_{总补}=Q_{降水}+Q_{河渠}+Q_{地侧}+Q_{灌回}+Q_{越} \quad (8\text{-}3)$$

式中，$Q_{总补}$——年均总补给量，$10^8 m^3$。

2.地下水可开采量的计算

可开采量的计算方法很多，有开采模数类比法、开采系数法等。在农田供水中常用平均布井法，即根据当地的开采条件确定单井出水、影响半径、年开采时间，在计算区内进行平均布井，这些井年内开采量可代表本区的地下水可开采量Q开采。其计算式为：

$$Q_{开采}=10^{-8}\mathrm{qNt} \quad (8\text{-}4)$$

$$\mathrm{N}=\frac{10^6\mathrm{F}}{F_8}=\frac{10^6\mathrm{F}}{4R^2} \quad (8\text{-}5)$$

式中，$Q_{开采}$——年均可开采量，$10^8 m^3$。

q——单井出水量，m^3/h；

N——计算区内平均的布井数（眼）；

t——机井年均开采时间，h；

F——计算区布井面积，km^2；

R——单井影响半径，m。

但是，采矿量是该地区的总可回收量，必须考虑到未来规划和开发所急需的水量，该量必须少于地下填埋量，并且要少于地下填埋量，并减去人、畜牧、工业、农业的现有用水量。

3. 灌溉需水量的计算

利用地下水的农田灌溉可分水田、旱田两部分。在实行节水喷灌的灌溉地区，应根据区域试验数据确定干燥厂的灌溉设计配额。在缺乏实验数据的地区，可以根据附近地区的喷灌试验结合现场调查来确定需水量。无试验资料地区可按下列公式计算：

$$m=0.1rh\left(\beta_1-\beta_2\right)/\eta \quad (8\text{-}6)$$

式中，m——喷灌一次的设计灌水定额，mm；

r——土壤密度，g/cm^3，其值根据土壤特性确定；

h——计划湿润层深度，cm，一般采用40 ~ 60 cm；

β_1——适宜土壤含水量上限（质量百分比，以百分数表示），其值相当于田间持水量；

β_2——适宜土壤含水量下限（质量百分比，以百分数表示），其值相当于田间持水量的60% ~ 70 %；

η——喷洒水利用系数，以百分数表示，有条件时宜通过实测研究确定，无实测资料时可根据气候条件选用。

4. 可灌面积的确定

水田灌溉面积=可开采的地下水量/水田灌溉定额

旱田喷灌灌溉面积=可开采的地下水量/旱田喷灌定额

对于喷水管个体，耗水量低，一般可回收量可以满足设计面积的要求。

在地下水位较高的地区，由于干旱地区的用水量少和灌溉时间长，只要灌溉在作物最大耗水期的最大允许时间间隔内完成，此间隔就称为灌溉周期。设计灌溉周期由下式确定：

$$T_{设}=\frac{\mathrm{m}_{设}}{\mathrm{e}}\eta \tag{8-7}$$

式中，$T_{设}$——设计灌溉周期，d；

e——作物耗水最旺期的日平均耗水量，mm/d；

其他符号意义同前。

此时，单井灌溉面积不再受上述平均布井法的井距控制，如井距加大，布井数量可减少。单井灌溉面积为：

$$A=qtT_{设}\eta/m \tag{8-8}$$

式中，符号意义同前。

（三）山区农田灌溉用水问题

山区的地下水资源比较贫乏，而灌溉所需用水量甚大，一般不靠抽取地下水来解决农业用水问题，而是通过以下几个途径解决：①修建水库截流洪水，利用地表水进行灌溉；②修建各种集雨池，储存雨水灌溉；③发展节水灌溉技术，减少灌溉用水量。

如果山区较大（平原之间的面积大于1000m^2或山谷平原大于500km^2，宽度大于10km），则含水层以第四纪孔隙为主。在山区和山谷平原的含水层中长期停留时，可以根据平原的要求进行分区和地下水资源计算。

（四）灌溉水质与地下水资源管理

为了确保地下水的总盐度和钠含量在农田所需的灌溉水质量范围内，应在调查阶段抽取地下水样品进行测试和确定。

使用地下水进行农田灌溉时，应特别注意减少水井数量，具体取决于水文和地质条件，天气条件，灌溉区域范围，作物和水的生长条件。工程设备投资最小，水资源最合理利用和分配、灌溉面积和经济效益最高，农田灌溉设施得到普及。

在井灌区进行有效的地下水资源管理十分重要。近年来，由于井灌区面积很大（如：河北省的统计资料显示，在20世纪末，其井灌面积占到全省灌溉面积的80%），用水量剧增，井灌区的地下水被严重超采，使得地下水位持续下降，许多地方已出现了浅层淡水日益枯竭、纷纷打深井灌溉的现象。如果任其发展下去，可能爆发两个方面的危机：①地下水位持续下降，开采成本增加；②地下水质严重恶化，不能用于灌溉。

（五）节水注溉措施

1.工程技术类节水

（1）水资源的合理开发利用。如利用坑塘截流调控地下水、深沟河网蓄水、不同水源的联合利用、劣质水改造利用技术等。

（2）渠系输水过程节水。包括渠道各类防渗技术、利用管道输水等。

（3）田间灌溉节水。如改进灌溉技术膜下灌、喷灌、微灌技术等。

2.管理措施

包括实施节水灌溉技术、灌区配水及量水技术、现代化灌溉管理技术等。

3.政策类节水措施

建立节水灌溉服务体系，调整水价与水费收取标准，制定节水奖惩制度，制定限制超采制度和防治污染对策等。

二、地热资源水文地质勘察

地热水是一种宝贵的自然资源，它既是一种水资源又是一种能源。地热资源具备洁净、方便、廉价、环保、蕴藏量巨大，不受白昼和季节变化的限制，能够直接被利用等有利的自然条件，被广泛用于发电、旅游、洗浴、供暖、养殖、医疗等领域。在国家能源建设、保证国民经济可持续发展、保护生态环境等方面具有显著的优势，对经济的可持续发展和第三产业的促进有着重要意义，现已引起世界各国的广泛关注。

（一）地热资源基本概念

地热资源是在我国当前的技术经济条件下，地壳表层下在一定深度内具备现实或潜在开发利用价值的已勘察和待勘察的地热能、地热流体及其有用组分的总和。地热资源一般以开发地热流体的方式得到有效利用。

（二）地热资源水文地质勘察的目的和任务

1.目的和任务

地热资源的勘探和评估的目的是开发和保护地热资源，提供资源储量和必要的地质数据，以减少开发风险，并获得地热资源开发和利用的最大的社会和经济效益及环境效益，保持持续的资源使用。地热资源水文地质勘察的目的是通过地球物理、地球化学、地热钻井、试验测试、动态监测等先进的技术方法查清地热流体动力场特征，地热水的来源和补、径、蓄、排关系，地热流体的水化学特征和同位素特征，地热流体通道及循环模式，各含水层之间的水力联系。其具体任务包括以下几个方面：

（1）查明热储的岩性、结构、空间分布、孔隙率、渗透性及其与常温含水岩层的水力联系的密切程度；同时，及早建立地热流体动态监测网，以便掌握地热流体的天然动态和开采动态变化规律。

（2）查明地热流体动态（水位、水温、水质、水压）特征并进行长期观测，分析研究地热流体压力、温度、化学组分和同位素组成及变化规律，分析不同储层和主要热储层的不同构造部位地热流体的循环模式。

（3）查明地热流体动力场特征，地下水类型，水位埋深，地热水的来源和补、径、蓄、排、运动，动态规律及流体通道；预测地热水开发利用的演变趋势。

（4）查明地热区水文地质特征，对地热资源现状做出评价，圈定地热流体富集地段，并确定地热田或地热资源的成因模式、可开发利用的区域及可开发利用深度。

2.地热资源水文地质勘察工作

进行地热资源水文地质勘察不仅仅是寻找与评价地热资源，还要为开发、保护与管理地热资源提供依据，随着地热开发力度的不断加大，如何在开发利用的同时做好地热资源的保护管理已越发显得重要。

三、岩溶石山和红层盆地缺水区找水水文地质勘察

（一）岩溶石山缺水区找水水文地质勘察

1.岩溶石山区缺水的原因

岩溶石山区虽处亚热带，水热条件较好，但由于地表、地下岩溶十分发育，水土流失严重，造成土壤贫瘠、地表缺土少水的恶劣生态环境。虽然岩溶石山区地下暗河、大型溶洞和岩溶管道十分发育，地下水资源丰富，但由于岩溶水系统复杂，分布不均，有些地方地下水的埋深大于100 m，开发十分困难。

2.岩溶石山区找水目的层

四川、重庆、云南、贵州、广西五省（自治区、直辖市）岩溶石山区地下水类型有碳酸盐岩类裂隙岩溶水、松散岩类孔隙水和基岩裂隙水，但裂隙岩溶水是区内主要供水目的层。

裂隙岩溶水主要赋存于寒武系、奥陶系、泥盆系、石炭系、二叠系和三叠系的灰岩、

白云岩等碳酸盐岩地层中，主要富集于岩石破碎的褶皱轴部谷地和断裂带附近或断块之间的谷地之中。在褶皱轴部谷地或断裂带附近，岩石破碎、空隙发育，岩溶水径流通畅，水交替积极，溶蚀作用强，溶洞、地下廊道、暗河发育，水量往往丰富。溶蚀洼地、溶蚀槽谷和溶蚀平原往往是因断陷作用而形成的断陷盆地，在这些盆地中，溶蚀洼地、溶蚀漏斗、暗河等大都沿着构造线方向发育，岩溶管道水丰富。

3.地下水的勘察方法与开发利用模式

岩溶石山区缺水区的水文地质勘察主要是要解决下面的问题：①调查岩溶地下水赖以储存、运动的岩溶通道的分布情况及其规律；②调查岩溶地下水的活动规律，包括补给面积，岩溶地下水的来龙去脉，岩溶地下水量、水位及变化幅度，地下水与地表水互相转化情况，含水层的分布范围，隔水层的底板高程，地下水分水岭位置等；③调查岩溶地下水的开采条件。

为解决上述问题，可采用地面调查、岩溶地下水动态观测、洞穴调查、连通试验、钻探、抽水试验、地球物理勘探、遥感遥测等技术手段。

（1）在紧密褶皱分布区，可溶岩与非可溶岩相间分布带，岩溶地貌形态以峰丛洼地为主，在该区中须加大遥感技术和物探新技术的应用，通过遥感技术去分析岩溶地下水的露头点、泉、暗河入口、暗河出口、落水洞、“天窗”等的分布，通过物探电阻率法（尤以电测剖面和电测深为主）及其他多种物探新方法，经综合分析，探测岩溶地下水的富水地段。

（2）在宽缓的褶皱分布区，灰岩广布，以峰林洼地为主，在地面地质调查的基础上，通过多种物探手段，如：EH-4技术、核磁共振技术等新技术及电测深、音频大地电磁法等传统物探方法，确定富水部位或伏流地段。

在岩溶石山区，岩溶地下水的开发利用大致可分为暗河的利用和岩溶水点的利用两大类。

（1）暗河的利用。在有暗河分布的岩溶地区，可直接采用暗河水。此外，还可根据暗河的埋藏深度和水位变幅的不同，采取不同的开采方式，如从深洞中提取暗河水、堵塞暗河抬高水位引水、堵塞暗河利用岩溶洼地做水库、利用暗河通道调水等。

（2）岩溶水点的利用。除直接利用岩溶泉水外，还可利用钻孔、大口井、斜井等方式开采岩溶水。

（二）红层盆地缺水类型区找水水文地质勘察

西南地区自三叠纪末期至白垩纪沉积了一套河、湖相巨厚红色碎屑岩系，岩性单一，以紫红、棕色砂岩、泥岩为主，偶见砾岩、页岩、灰岩，人们称之为“红层”。红层地区地下水资源贫乏，该区主要以河流、水库地表水作为工农业及人畜用水水源。由于地表水资源时空分布不均，旱灾频繁发生，造成人畜及农灌用水十分困难，常年饮水困难人口约1000万人。

1.红层区干旱缺水原因分析

该区以构造剥蚀丘陵为主，构造变动轻微、褶皱宽缓，岩层近水平，断裂发育微弱。岩性以砂岩、泥岩为主，为一套弱含水地层。上述诸条件，决定了该区地下水储存、运移、排泄的条件差，使地下水相对贫乏，成为中国有名的红层干旱缺水区。

2.红层区的找水经验

在红层地区找水的方向主要是泥岩风化区的利基水，其次是间隙水和地壳水，在某些地区还有松散的岩孔。

红层地区的地下淡水主要来自风化地球，是热液，风化地球的发育深度一般为20 ~ 30 m。地下水资源匮乏，单口井的人水量通常少于50 m/d。水的丰度与地形、地形和平板密切相关。层间间隙约束具有表面填充面积小和储水空间有限的特点。由于地形、结构和分层组合的多样性，限制在红色层中的水分布不均匀，通常单井的出水量为100~500 m/d。地壳裂缝的丰度受地壳裂缝的发展和成岩性的影响，并受降水和地表水补给的影响。

3.红层区地下水物探勘察技术与地下水开发模式

对红层区地下水的物探勘察技术的应用主要是为了确定风化壳底界埋深、风化壳的富水性，以及构造带空间的分布特征，或为了了解咸淡水界面。

鉴于在广阔的红层地区爆发的风水热液规模较小且分布广泛，以及广大农村人口的分散生活和少数群体需求的特征，最好充分利用调整后的风化热液容量。地下水开采工作的类型应为小口径浅井，浅层井用于农民散水供应的深度通常为20 m，而集中式供水井的小井深度通常为20~60 m。井深小于150 m。

四、地下水库水文地质勘察

在21世纪，人类面临三个主要挑战：人口、资源和环境，而水资源短缺已遍及全球。长期以来，为了改变水资源的时空分布并使之适应人类的需求，各国积极探索和研究了各种有效的方法和措施。例如，地表水库（例如三峡大坝）、水井、水库、运河、雨水池、淡化、人工降雨、流域之间的水转化（例如从北向南的水转化）、污水回用（例如使用可再生水）和人工地下水回灌、双管浇水（家庭供水和厕所冲洗，浴室给排水，工农业给排水）等。

地下水水库项目是一种工程方法，可以人为地改变水资源的时空分布，有意积极地储备、调节和利用水资源，减轻水危机。我国北方干旱、半干旱地区和水资源较匮乏、生态环境相对脆弱的岩溶区，针对这两种地区均存在资源型缺水、工程性缺水、水质缺水和管理性缺水的特点，开发和修建地下水库是合理调配与开发利用水资源、实现其优化配置的重要途径，也是缓解水危机与修复脆弱生态环境的重要手段。地下水库因几乎不占地、建库投资少、调节气候、储冷储热、防止地面沉降、净化水质、不容易污染（但污染后难治理）等优点被许多专家、学者推崇。河南郑州、河北石家庄、山东、吉林、北京、重庆等地区修建地下水库，均取得了不同程度的效果。

（一）地下水库的基本概念

许多国外学者对地下水水库给出了不同的定义，例如，地下水水库是一个含水层。含水层具有存储和释放水的能力，并具有在几年内自然控制和存储水的能力。含水层也可以是大型的岩溶储水空间，含水层断层带和其他气体，但是到目前为止，还没有统一的地下水储层定义。不论以上学者对地下水库的看法是否相同，他们都描述了地下水库的主要要素。出发点是了解地理位置，使用地理位置，并找到合理开发水资源的方法。总的来看，地下水库调蓄应同时具备四个条件：①具备回灌水量与水质的水源；②具备一定规模（量）、易于控制的地下调蓄空间；③具备便利、良好的水更替条件；④具备良好开采条件与经济可行性条件。

水循环在大气圈、岩石圈和生物圈三者中间不间断地循环，水资源在不同环境（空中、地表、地下）的存在方式、形态不同。可以根据地下水存在特征和地下水库的本质特征把地下水库划分为四种类型（表8-7）。

表8–7　地下水库分类

分类	主要特征	工程实例
盆地到地下水库	盆地中松散堆积物厚度大，渗透性强，基本是完整的水文地质单元，易接受地下水补给（有较好的入渗场）	辽宁阜新地下水库、新疆柴窝堡盆地地下水库
冲洪积扇（古河床）地下水库	含水层厚度大，颗粒较大，透水性强，具备较大规模的蓄水构造，易接受大气降水（有较好的入渗场）	南宫地下水库
开采漏斗型地下水库	利用地下水超采腾出的地下空间，地下水力联系密切，有较好的渗透性，可视地下水降落漏斗边缘为地下水库边界（有较好的入渗场）	大庆地下水库边界（有较好的入渗场）
岩溶地下水库	利用岩溶地下封闭和半封闭（近封闭）空间加以人工修筑地下防渗帷幕，以达到蓄水目的	奋发洞地下水库（贵州省独山县）、普定马官岩溶地下水库（贵州普定县）

注：从严格意义上讲，地下空间没有绝对的封闭空间，在实际修建过程中可能是以上水

库的复合型水库或经人工改造形成的水库，应详细勘察并选择建库库址，做到查知地利、利用地利。

（二）地下水库水文地质勘察

（1）选择适宜修建地下水库的库址，并确定地下水库的库区范围。

（2）在查明地下水库库区水文地质特征的前提下，对库区现状水资源做出评价，确定水更替条件，对合理的开发利用程度和利用方向做出评价。

（3）查明并确定地下水库库区、入渗场（回灌区）的地层岩性，以及地下水类型、含水层（对多层含水层应分层抽水试验）、水位埋深、补给、径流、调蓄、排泄及动态规律等，同时做出评价。

（4）查明地下水库库区地表水环境和地下水环境现状，各种固体污染物、污染源现状、来源、途径、范围和危害程度、水化学成分及变化规律，圈定有未来可能造成水污染的区域，并给出治理建议。

（5）规划并圈定地下水库库区的各级保护区，对圈定区域的环境地质现状及未来作出评价和预测，为地下水库的科学管理、安全营运、生态运行和可持续发展提供技术支撑。

在条件适宜的典型地区修建地下水库是探索和开发水资源的一种有效途径。地下水库勘察的目的不仅仅是寻找与调蓄水资源，还要为开发、保护与管理水资源提供依据。在不同区域修建地下水库所使用的方法不同，勘察内容也不一样。

参考文献

[1] 虎新军，李宁生，陈晓晶，等.吴忠--灵武地区构造体系特征及断裂活动性研究[M].武汉：中国地质大学出版社，2021.

[2] 沈冰，黄红虎，夏军.水文学原理[M].北京：中国水利水电出版社，2015.

[3] 宓荣三.工程地质[M].第5版.成都：西南交通大学出版社，2021.

[4] 张广兴，张乾青.工程地质[M].重庆：重庆大学出版社，2020.

[5] 韩行瑞.岩溶工程地质学[M].武汉：中国地质大学出版社，2020.

[6] 舒良树.普通地质学[M].第4版.北京：地质出版社，2020.

[7] 殷杰，陈亮.工程地质与土力学[M].镇江：江苏大学出版社，2020.

[8] 张景华，欧阳渊，刘洪.西昌市生态地质特征与脆弱性评价[M].武汉：中国地质大学出版社，2020.

[9] 曹志民，师明川，郑彦峰.地质构造与水文地质研究[M].北京：文化发展出版社，2019.

[10] 杨坤光，袁晏明.地质学基础[M].武汉：中国地质大学出版社，2019.

[11] 李淑一，魏琦，谢思明.工程地质[M].北京：航空工业出版社，2019.

[12] 曹国侯，刘浩.隧道地质三维探测技术[M].上海：上海科学技术出版社，2019.

[13] 徐旃章，方乙，陈远巍.构造矿床地质学理论与实践[M].北京：冶金工业出版社，2018.

[14] 何宏斌.工程地质[M].成都：西南交通大学出版社，2018.

[15] 张士彩，徐朝霞，盛晓杰，等.工程地质[M].武汉：武汉大学出版社，2018.

[16] 齐文艳，包晓英.工程地质[M].北京：北京理工大学出版社，2018.

[17] 刘新荣，杨忠平.工程地质[M].武汉：武汉大学出版社，2018.

[18] 李予红.水文地质学原理与地下水资源开发管理研究[M].北京：中国纺织出版社，2020.

[19] 师明川，王松林，张晓波.水文地质工程地质物探技术研究[M].北京：文化发展出版社，2020.

[20] 张建国，刘帅，宋帅.物探水文与钻井技术[M].郑州：黄河水利出版社，2020.

[21] 宋中华.地下水水文找水技术[M].郑州：黄河水利出版社，2020.

[22] 吴永. 地下水工程地质问题及防治[M]. 郑州：黄河水利出版社，2020.

[23] 齐梅兰，陈启刚. 工程水文学第2版[M]. 北京：北京交通大学出版社，2016.

[24] 肖瀚，唐寅. 沿海地区常见水文地质灾害及其数值模拟研究[M]. 郑州：黄河水利出版社，2019.

[25] 沈铭华，王清虎，赵振飞. 煤矿水文地质及水害防治技术研究[M]. 哈尔滨：黑龙江科学技术出版社，2019.

[26] 张人权，梁杏，靳孟贵，等. 水文地质学基础[M]. 第7版. 北京：地质出版社，2018.

[27] 王宇. 云南省岩溶水文地质环境地质调查与研究[M]. 北京：地质出版社，2018.

[28] 杨晓杰，郭志飚. 矿山工程地质学[M]. 徐州：中国矿业大学出版社，2018.

[29] 陶涛，信昆仑，颜合想. 水文学与水文地质[M]. 上海：同济大学出版社，2017.

[30] 蓝俊康，郭纯青. 水文地质勘察第2版[M]. 北京：中国水利水电出版社，2017.